U0241090

中等职业教育改革创新示范教材

液压与气动技术

主　编　孙继山

副主编　闫新华

参　编　王桂珍　张文成　魏泽军

金丽萍　胡　炜

机 械 工 业 出 版 社

本书是根据中等职业教育培养目标，适应中等职业教育"行为导向，任务引领"的特点，结合企业调研并与企业专业人员合作编写的。书中增加了大量元件立体图和原理示意图，删减了抽象的理论知识，引导学生从日常观察中发现问题、提出问题、解决问题，使学生带着任务去学习，在实训中掌握技能。

本书包括液压与气动两部分，其中液压部分有七个项目，气动部分有四个项目。从认识液压设备到实训室设备，从液压与气动元件的结构到液压与气动元件的维修，从分析基本回路到分析液压与气动系统，由表及里、由浅入深、由简到繁，打破了原有的教学体系，将枯燥的理论变成真实的案例，让学生在"做中学，学中做"。

本书项目和任务编排合理、思路清晰、层次分明。每个项目有教学目标、知识准备、技能操作、任务自评表和项目考核。教学内容安排上突出重点并注重能力培养，体现了中等职业教育的特色。

本书可作为中等职业学校、技工学校教学用书，也可作为成人教育、企业培训和有关工人、技术人员的参考用书。

图书在版编目（CIP）数据

液压与气动技术/孙继山主编. —北京：机械工业出版社，2013.9（2022.8 重印）
中等职业教育改革创新示范教材
ISBN 978-7-111-43616-4

Ⅰ.①液… Ⅱ.①孙… Ⅲ.①液压传动—中等专业学校—教材②气压传动—中等专业学校—教材 Ⅳ.①TH137②TH138

中国版本图书馆 CIP 数据核字（2013）第 182896 号

机械工业出版社（北京市百万庄大街 22 号　邮政编码 100037）
策划编辑：齐志刚　责任编辑：王莉娜　齐志刚　李　超
版式设计：霍永明　责任校对：佟瑞鑫
封面设计：陈　沛　责任印制：李　昂
北京捷迅佳彩印刷有限公司印刷
2022 年 8 月第 1 版第 10 次印刷
184mm×260mm·11 印张·252 千字
标准书号：ISBN 978-7-111-43616-4
定价：35.00 元

电话服务　　　　　　　　　网络服务
客服电话：010-88361066　　机 工 官 网：www.cmpbook.com
　　　　　010-88379833　　机 工 官 博：weibo.com/cmp1952
　　　　　010-68326294　　金 书 网：www.golden-book.com
封底无防伪标均为盗版　机工教育服务网：www.cmpedu.com

中等职业教育改革创新示范教材编审委员会

前　　言

　　2010 年国家实施中等职业教育改革发展示范学校建设项目，其重点内容之一就是以人才培养对接用人需求、专业对接产业、课程对接岗位、教材对接技能为切入点，深化教学内容改革。因此在项目建设中以工学结合、校企合作人才培养模式改革为重点，以课程体系建设为核心，打破传统的课程体系和教学模式，根据职业资格标准和岗位任职要求，对岗位工作任务、工作过程和职业能力进行分析，构建基于"工作过程"的课程体系。与企业合作开发专业核心课程，引入企业、行业工作规范和技术标准，以典型任务、真实产品、真实工艺等为载体，设计学习情境，改革教学内容、教学方法、教学手段和课程评价方式。基于此，我们组织骨干教师，并吸收行业企业专家参与开发出机电技术应用、汽车运用与维修、会计电算化、计算机应用、果树花卉生产技术 5 个专业 24 门核心课程。

　　各册教材本着"行动导向、任务引领、学做结合、理实一体"的原则编写，通过召开有行业企业专家参与的研讨会，骨干教师到企业调研，分析提炼典型职业活动，教材内容重点突出学生基础知识学习、基本技能训练、职业素养培养，几经论证，在我校试行、修改，最终成稿。

　　书中增加了大量的元件立体图和原理示意图，删减了抽象的理论知识，从日常观察中发现问题、提出问题并解决问题，使学生带着任务去学习，在实训中掌握技能。

　　《液压与气动技术》以知识够用为度，围绕职业能力组织教学内容。任务安排从知识准备到技能操作，符合学生的认知规律。任务实施在理实一体化的液压气动实训室，让知识在实训中学习，让技能在实训中掌握。任务完成后进行自我评价，提高学生学习的主动性和自觉性。每个项目后提供相应的考核题目便于项目验收。

　　本书包括液压与气动两部分，其中液压部分有七个项目，气动部分有四个项目。从认识液压设备到实训室设备；从液压与气动元件的结构到液压与气动元件的维修；从分析基本回路到分析液压与气动系统，由表及里、由浅入深、由简到繁，打破了原有的教学体系，将枯燥的理论变成真实的案例，让学生在"做中学，学中做"。本书主编孙继山，副主编闫新华，参编人员有王桂珍、魏泽军、张文成（保定无线电材料厂）、金丽萍（保定供电公司）、胡炜（保定中兴汽车厂）。

　　由于编者水平有限，书中难免有不妥之处，敬请读者批评指正。

教材编写委员会

2013 年 6 月

目　录

项目一 认识液压设备与液压实训台

 知识目标

1）了解液压设备，掌握液压设备的组成和功用。
2）熟悉液压传动基本理论，了解液压油的使用与保管。
3）认识液压实训台。
4）了解国家标准有关液压元件的规定符号。

 技能目标

1）知道液压实训台各部分名称和作用。
2）会正确使用液压实训台，熟知操作规程和操作要领。
3）能绘制国家标准中关于液压元件的规定符号。

 职业素养

1）青春是人生最快乐的时光，这种快乐往往是因为它充满着希望。——卡莱尔
2）青春是有限的，智慧是无穷的，趁短的青春，去学习无穷的智慧。——高尔基
3）路是脚踏出来的，历史是人写出来的。人的每一步行动都在书写自己的历史。
———吉鸿昌

想一想、议一议

1）观察儿童玩具水枪，其工作过程是怎样的？
2）实训车间哪些设备是液压传动？
3）人体血液循环系统与液压系统有何相似之处？

任务 1　液压系统感性认识

任务导读

液压传动是利用液体压力传递力和运动的一种方式。采用液压传动的装置功率大，体积小，压力和流量可控性好，可以实现直线、摆动和转动等多种运动。从一般传动到精确度很高的控制系统都广泛采用液压传动。本次任务是了解液压设备的组成、工作原理及千斤顶的使用。

知识准备

一、观察液压设备

1. 液压设备图片

1）凡是需要作直线往复运动并输出力的地方可用到液压缸，如图 1-1 所示的油压机。

2）凡是需要作回转运动并输出转矩的地方可用到液压马达，如图 1-2 所示的机械手。

3）凡是需要作摆动运动并输出扭力的地方可用到液压马达，如图 1-3 所示的铲车。

4）凡是需要作各种复杂运动的地方，可用到各种液压缸和液压马达的组合，如图 1-4 所示的液压机器人。

图 1-1　油压机

图 1-2　机械手

图 1-3　铲车

图 1-4　液压机器人

2. 液压设备应用

液压设备应用举例见表1-1。

表1-1 液压设备应用举例

行业名称	应 用 举 例
机床工业	磨床、铣床、刨床、拉床、自动和半自动车床、组合机床、数控车床等
工程机械	挖掘机、装载机、推土机、压路机、铲运机等
起重运输机械	汽车吊、港口龙门吊、叉车、装卸机械、铲运机等
矿山机械	凿岩机、开掘机、开采机、破碎机、提升机、液压支架等
建筑机械	打桩机、液压千斤顶、平地机等
农业机械	联合收割机、拖拉机、农具悬挂系统等
轻工机械	打包机、注塑机、校直机、橡胶硫化机、造纸机等
汽车工业	自卸式汽车、平板车、高空作业车、汽车中的转向器与减振器等

二、认识人体血液循环系统和液压系统

人在某种意义上相当于一台复杂的机器，人体的各种活动都依赖于血液循环系统，液压设备完成各种动作也依靠液压传动系统。人体血液循环系统与液压系统对比见表1-2。

表1-2 人体血液循环系统与液压系统对比

内容 \ 名称	人体血液循环系统	液压传动系统
系统组成	脑部动脉、上腔静脉、上腔动脉、心脏、下腔动脉、腹腔动脉、下腔静脉	液压缸、流量控制、控制阀、控制阀、辅助元件、液压泵
动力元件	心脏	液压泵
执行元件	血液循环到人体头部和四肢，人可以完成各种动作	液压缸

（续）

名称 内容	人体血液循环系统	液压传动系统
控制元件	心肌收缩时，血液从心房流向心室，然后由心室流入动脉。心肌舒张时，心房和心室扩张，静脉血液进入心房，此时动脉瓣关闭，进入动脉的血液不会流入心脏。心肌和动脉瓣属于控制元件	控制元件：方向控制元件、压力控制元件、流量控制元件
辅助元件	血管、肾脏、肝脏、皮肤等参与血液循环过程	油管、过滤器、蓄能器、冷却器、油箱、压力表等
工作介质	血液	液压油

三、液压传动的工作原理

液压传动中，由零件组成的完成特定功能的组件称为元件，如液压缸、液压泵和控制阀等；把由元件组成的完成特定功能的典型环节称为回路，如方向控制回路、压力控制回路、速度控制回路等；由回路控制和驱动执行机构完成特定功能的组合称为系统。下面以磨床工作台为例介绍液压传动的工作原理。图 1-5a 所示为磨床工作台的结构简图，图 1-5b 所示为磨床工作台的液压原理图。

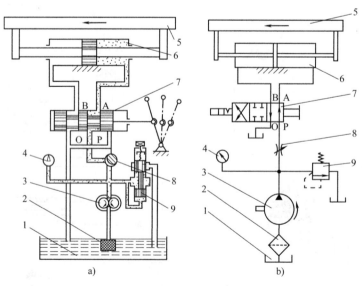

图 1-5　磨床工作台
a）结构简图　b）液压原理图

1—油箱　2—过滤器　3—液压泵　4—压力表　5—工作台　6—液压缸　7—换向阀　8—节流阀　9—溢流阀

1. 磨床工作台液压系统各部分名称及作用

磨床工作台液压系统各部分名称及作用见表1-3。

表1-3 磨床工作台液压系统各部分名称及作用

序号	名称	作用
1	油箱	用来储油、散热以及分离油液中的杂质和空气
2	过滤器	过滤混在油液中的各种杂质
3	液压泵	能量转换装置，将机械能转换成液体的压力能
4	压力表	用于观测系统工作压力
5	工作台	支撑与固定被加工零件
6	液压缸	能量转换装置，将液体压力能转换成机械能
7	换向阀	控制液压系统中液体流动的方向和通断
8	节流阀	控制执行元件的运动速度
9	溢流阀	利用压力高低或压力变化实现某种动作控制

2. 磨床工作台的工作原理

1）液压缸6固定在床身上，活塞连同活塞杆带动工作台5作往复运动。液压泵3由电动机驱动，从油箱1中吸油并把压力油输入管路，流经节流阀8到换向阀7，当换向阀7处在中位时，其阀芯操纵手柄处于中间位置，油路中P、A、B、O口均不相通，液压缸两腔油路被封闭，活塞及工作台停止不动。

2）若换向阀操纵手柄处于右位，将阀芯推至右位，则使油路中P和A通，B和O通。如图1-5b所示，液压缸进油路为：液压泵3→节流阀8→换向阀7（P→A）→液压缸右腔。液压缸回油路为：液压缸左腔→换向阀（B→O）→油箱。此时液压缸6连同工作台5在右腔油液压力的推动下向左移动。

3）当换向阀操纵手柄处于左位时，换向阀阀芯移至左端，使油路中P和B通。液压缸进油路为：液压泵3→节流阀8→换向阀（P→B）→液压缸左腔。回油路为：液压缸右腔→换向阀（A→O）→油箱。此时活塞及活塞杆带动工作台向右移动。

4）工作台的运动速度通过节流阀8调节，当节流阀8开口较大时，进入液压缸的流量大，工作台运动速度较高；反之关小节流阀，工作台移动速度就减慢。一般情况下，液压泵输出的油液量等于液压缸所需要的油液量，油液能及时排回油箱，系统中多余的油液经溢流阀9分流。工作台移动时需克服不同的负载，液压泵输出油液的压力由溢流阀9调节，过滤器2起过滤和净化油液的作用，压力表4用于观测液压泵出口的油液压力。

四、识读液压传动原理图

1. 液压系统图的类型

液压传动和控制技术中，一般用标准图形符号或半结构图将各组成元件及其之间的连接和控制方式画在图样上。一种是结构示意图，如图1-5a所示。其图形比较直观，易为初学者接受，当液压元件较多时不易绘制。另一种采用图形符号来绘制，如图1-5b所示。利用各种液压元件、辅件等的图形符号绘制的图样，称为液压传动原理图。我国已经制定了相关的国家标准，即 GB/T 786—2009《流体传动系统及元件图形符号和回路图》。

2. 识读液压原理图的基本要求

1）熟悉液压元件的工作原理和特性。

2）了解液压油路的进、出分支情况及系统功能。

3）熟悉液压系统中各种控制方式及液压图形符号的含义。

4）掌握液压传动的基础知识，熟悉液压回路和液压元件的组成。

3. 识读液压原理图应注意的问题

1）液压系统图中的符号，只表示液压元件的职能及连接系统的通路，不表示元件的具体结构和参数，也不表示元件在机器中的实际安装位置。

2）元件符号内的油液流动方向用箭头表示，两端都有箭头的线段表示流动方向可逆。

3）液压系统有各种工作状态，图形符号均以元件静止位置或中间零位置表示，当系统的动作另有说明时可作例外。在分析油路路线时，可先按常态位置进行分析，然后再分析其他工作状态。

4）当液压系统由一个工作状态转换到另一个工作状态时，要分清是由哪些元件发出信号，哪些换向阀或操控元件动作改变而实现的。每一个工作循环，要在一个动作油路分析完成后再分析下一个动作油路，直至全部动作油路分析完成为止。

 技能操作

活动1　操作液压千斤顶，思考凭借人的力量为什么能顶起汽车

图1-6所示为千斤顶实物图。图1-7所示为千斤顶的工作原理图。

图1-6　千斤顶实物图

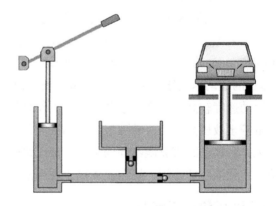

图1-7　千斤顶的工作原理图

活动2　讨论液压传动系统组成

（1）动力装置　供给液压系统压力油，把原动机输入的机械能转换成液压能的装置，

其核心元件是液压泵。磨床工作台的动力装置是_____，千斤顶的动力装置是_____。

（2）执行装置　把液压能转换成机械能的装置，其作用是驱动工作部件，包括液压缸和液压马达。磨床工作台的执行装置是_____，千斤顶的执行装置是_____。

（3）控制调节装置　对系统中的压力、流量和方向进行控制和调节的装置，包括压力控制阀、流量控制阀和方向控制阀等。磨床工作台液压系统中的方向控制元件是_____，千斤顶的方向控制元件是_____。

（4）辅助装置　上述三部分之外的其他装置，主要包括油箱、油管、管接头、过滤器、压力表、流量表等。它们是保证系统正常工作不可缺少的组成部分。

（5）工作介质　通常为液压油，其作用是实现运动和动力的传递。

活动3　识读图1-8所示的液压系统图

1）液压设备的工作任务和动作要求是_____。

2）液压系统中各图形符号代表元件的名称是1._____、2._____、3._____、4._____、5._____、6._____。

3）在液压系统图中找出实现动作要求所需的执行元件_____。

4）在液压系统图中找出实现动作要求所需的动力元件_____。

5）理清执行元件与动力元件的油路联系，找出油路上的控制元件是_____。注意各种控制操纵装置（如换向阀、压力阀等）的内在关系。

6）分清每个元件在回路中的功用，实现执行元件的各种动作操作方法，分清油液流动路线。写出进油路线是_____，回油路线是_____，从而分清该系统的工作原理。

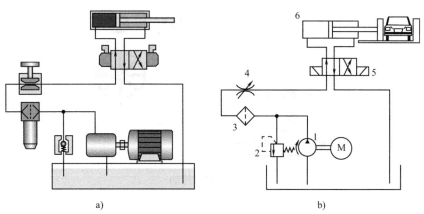

a)　　　　　　　　　　　　　b)

图1-8　挤压机液压系统图

a）液压系统结构简图　b）液压系统原理图

评价反馈

填写学习效果自评表（表1-4）。

表1-4 学习效果自评表

序号	内　容	分值	得分	备注
1	列举常见液压设备	10		最少五种设备
2	指出液压系统的组成装置	20		
3	叙述液压千斤顶的工作原理	20		
4	指出磨床工作台液压系统的组成	20		
5	抄画磨床工作台液压系统图	30		

任务2　利用液压千斤顶学习液压传动理论

任务导读

在汽车等设备维修时经常使用液压千斤顶顶起重物。本次任务是使用和拆装液压千斤顶，从中学习液压传动基本理论，掌握液压传动中压力和流量两个重要参数。

知识准备

一、机械设备的传动方式

（1）机械传动　以机械元件传递能量（带传动、链传动、齿轮传动），如图1-9所示。

（2）流体传动　以流体为工作介质传递能量（液压传动、气压传动）。

（3）电传动　以电流、电压借助导体传递能量。

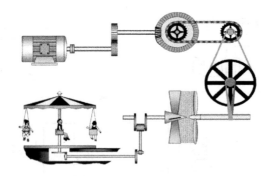

图1-9　机械传动

二、液压千斤顶

图1-10所示为液压千斤顶的工作原理图。

1. 液压千斤顶各部分名称及作用

（1）手柄杠杆　抬起手柄吸油，压下手柄压油。

（2）小（大）活塞缸　与活塞一起形成密闭容积。

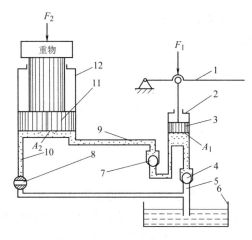

图 1-10　液压千斤顶的工作原理图

1—杠杆手柄　2—小活塞缸　3—小活塞　4—单向阀　5、9、10—油管
6—油箱　7—单向阀　8—放油阀　11—大活塞　12—大活塞缸

（3）小（大）活塞　与活塞缸一起形成密闭容积。

（4）单向阀　开启与关闭，控制液体流动方向。

（5）油管　液压油流动通道。

（6）油箱　储存、过滤液压油。

（7）放油阀　作为开关使油液返回油箱。

2. 液压千斤顶的工作原理

（1）液压千斤顶吸油过程　手柄抬起，小活塞下端油腔容积增大并形成局部真空，单向阀 4 开启，单向阀 7 关闭，形成吸油过程。

（2）液压千斤顶压油过程　手柄压下，小活塞下端油腔容积减小，压力增大，单向阀 4 关闭，单向阀 7 开启，形成压油使小活塞油腔的压力油被压入大活塞缸顶起重物。

（3）结论　液压传动是利用有压力的油液作为传递工作介质，先将机械能转换为压力能，再将压力能转换为机械能的能量转换过程。液压传动本质上是一种能量转换装置，条件是必须在密闭容器内进行，并且容积要发生交替变化。

三、静压传动理论

1. 液体的静压力与压力特性

（1）静压力　静止液体在单位面积上所受的法向力称为静压力 p，物理学中称之为"压强"。压力主要有两种类型，即质量力和表面力，如图 1-11 所示。质量力是油液自重产生的力，表面力是油液表面受外力作用而产生的。在液压传动中，因油液自重产生的压力值很小所以一般不予考虑，常说的油液压力是指油液表面受外力作用产生的压力。

$$p = F/A$$

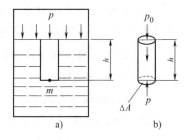

图 1-11　静止液体压力特性

式中　　F——外力对液体的作用力，单位为 N；

　　　　A——承压面积，单位为 m^2；

　　　　p——外力作用产生的压力，单位为 Pa。

我国采用法定计量单位 Pa 来计量压力，$1Pa = 1N/m^2$，液压技术中习惯用 MPa（N/mm^2），在企业中还习惯使用 bar 作为压力单位，各单位关系为：$1MPa = 100\ 000Pa = 10bar$。

（2）压力特性　液体的压力沿着内法线方向作用于承压面，静止液体内任一点处的压力在各个方向上都相等。

2. 液体静力学方程

如图 1-11a 所示，密度为 ρ 的液体在容器内处于静止状态，为研究 m 点处的压力，可从内部取出图 1-11b 所示的垂直小液柱为研究对象，其顶面与液面重合，截面积为 ΔA，高度为 h。液柱顶面受外加压力 p_0 作用，液柱所受重力 $G = \rho g h \Delta A$，由于液柱处于静止状态，所以液柱也处于平衡状态。则有

$$p\Delta A = p_0 \Delta A + \rho g h \Delta A$$

整理后　　　　　　　　　　$p = p_0 + \rho g h$

上式即为**液体静力学方程**。

1）静止液体内任何一点的压力由两部分组成：一部分是液体表面上的压力 p_0，另一部分是该点处重力形成的压力 $\rho g h$。

2）静止液体内的压力随液体深度 h 呈线性规律分布，如图 1-12 所示。

3）离液面深度 h 相同处各点压力相等，压力相等的所有点组成的面称为等压面。

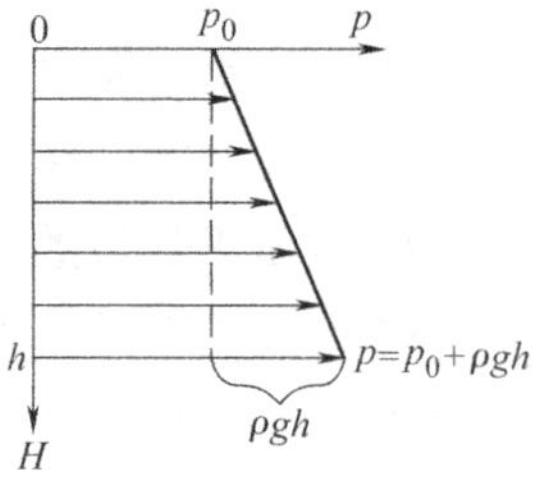

3. 等压传递——帕斯卡定理

从静力学方程得知，静止液体内任何一处的压力都包含表面压力 p_0，表明在密闭容器中，施加于静止液体上的压力能等值传递到液体各点，即液体等压传递，又称为帕斯卡定理。图 1-13 所示为帕斯卡原理的应用。在两个相互连通的液压缸密封腔中充满油液，小活塞面积为 A_1，大活塞面积为 A_2，在大活塞上顶起重物的重力为 F_2，小活塞上人施加的外力为 F_1，两缸互通而构成密封容器，根据帕斯卡定理有 $p_1 = p_2$，则有：$F_1 = F_2 A_1/A_2$ 或 $F_1 = F_2 d^2/D^2$。由此可知：

1）如果大活塞上重物的重力 $F_2 = 0$，则小活塞上人施加的外力 $F_1 = 0$，说明液压传动中系统的压力取决于负载。

2）如果人施加同样大小的外力 F_1，增大大活塞缸直径就可以顶起更重的物体。

图 1-12　静止液体压力
分布规律

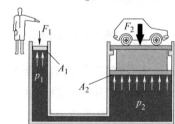

图 1-13　帕斯卡原理的应用

4. 压力的表示方法

液体压力的表示方法有两种：一种是以绝对真空为基准表示的绝对压力，另一种是以大气压力为基准表示的相对压力。大多数压力表测得的压力是相对压力，也称为表压力。在液压传动中，如果没有特别说明压力均指相对压力。其中绝对压力与相对压力的关系为

绝对压力 = 大气压力 + 相对压力

当液体中某处绝对压力低于大气压力时，习惯称为真空度。真空度与绝对压力的关系为

真空度 = 大气压力 – 绝对压力

绝对压力、相对压力、大气压力和真空度之间的相对关系如图 1-14 所示。

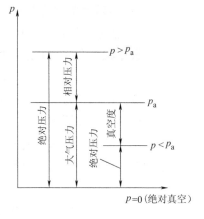

图 1-14　液压泵站组成

四、液体动力学与连续性方程

1. 流量与流速

（1）流量　指单位时间内流过某一通流截面的液体体积，用 q 表示。即

$$q = V/t$$

式中　V——液体体积，单位为 m^3；

　　　　t——时间，单位为 s 或 min；

　　　　q——流量，单位为 m^3/s 或 L/min。

（2）流速　假设液体在通流截面上各点的流速均匀分布，则

$$q = vA$$

式中　v——液体平均流速，单位为 m/s；

　　　　A——通流截面积，单位为 m^2；

　　　　q——流量，单位为 m^3/s 或 L/min。

2. 连续性方程

假定液体不可压缩，则液体在单位时间流过同一管道两个不同断面的体积应当相等，如图 1-15 所示。即有

$$q_1 = q_2$$
$$q_1 = A_1 v_1 , \quad q_2 = A_2 v_2$$

故　　　　　　　$$A_1 v_1 = A_2 v_2$$

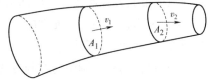

图 1-15　液流的连续性

由此可知：

1）液压传动中，液压缸输入、输出的速度与活塞面积成反比。

2）千斤顶手柄摆动的速度越快，小活塞往复运动挤进大活塞缸的流量就越多，大活塞上升速度就越快，所以说当活塞有效面积一定时，运动速度取决于流量。

技能操作

活动 1　模仿训练

如图 1-13 所示，已知大活塞缸内径 $D = 100mm$，小活塞缸内径 $d = 20mm$，在大活塞上放上质量为 5000kg 的物体，求：

1）在小活塞上所加的力 F_1 为多大才能使大活塞顶起重物?

2）若小活塞下压速度为 0.2m/s,试求大活塞的上升速度?

解：根据帕斯卡定理和连续性方程

物体的重力为　　　　$W = mg = 5000\text{kg} \times 9.8\text{N/kg} = 49 \times 10^3\text{N}$

液体内部压力　　$p_1 = p_2$ 有 $F = Wd^2/D^2 = 49 \times 10^3 \times 20^2/100^2 = 1960\text{N}$

根据连续性原理有

$$v_1A_1 = v_2A_2 \text{ 则 } v_2 = v_1d^2/D^2 = 0.2\text{m/s} \times 20^2/100^2 = 0.008\text{m/s}$$

本例说明液压千斤顶能顶起重物的工作原理,体现了液压装置对力的放大作用。

活动 2　操作液压千斤顶

1）训练用千斤顶顶起不同负载,感受作用力的大小。说明影响压力的因素是什么,液压系统的压力为什么取决于负载。

2）训练使用不同规格的千斤顶,会发现顶起重物的速度不同。说明速度快慢与哪些因素有关,并理解液压系统执行元件的运动速度取决于流量。

活动 3　结合液压千斤顶讨论液压传动的特点

1. 液压传动的优点

1）液压传动可以输出大推力或大转矩,实现低速重载运动。

2）液压传动能实现无级调速,调速范围大且可在系统运行过程中调速。

3）在相同功率条件下,液压传动装置体积小、重量轻、结构紧凑。液压元件之间可采用管道或集成方式连接,其局部安装有很大的灵活性,可以构成复杂的液压传动系统。

4）液压传动中执行元件的运动均匀稳定,可使运动部件换向时无换向冲击。由于其反应速度快,可实现频繁换向。

5）操作简单,调整与控制方便,易于实现自动化。特别是和机、电联合使用能方便地实现复杂工作循环。

6）液压系统易于实现系列化和标准化,便于设计、制造、维修和推广使用。

2. 液压传动的缺点

1）液压油的泄漏和液体的可压缩性会影响执行元件运动的准确性,故无法保证严格的传动比。

2）对油温的变化比较敏感,不宜在很高或很低的温度条件下工作。

3）能量损失（泄漏损失、溢流损失、节流损失、摩擦损失等）较大,传动效率较低,不适宜作远距离传动。

4）系统出现故障时,不易查找原因。

3. 影响液压传动的主要因素

（1）液压系统的压力损失　液体具有粘性,在管路中流动时不可避免地存在着摩擦力,必然要损耗一部分能量。能量损耗主要表现为压力损失，即沿程损失和局部损失两种。沿程损失是当液体在直径不变的直管中流过一段距离时，因摩擦而产生的损失。局部损失是由于管子截面形状突然发生变化，液流方向改变或其他形式的液流阻力而引起的损失，如图1-16所示。

（2）液压系统的流量损失　图1-17所示为液压千斤顶的装配图。千斤顶活塞与缸筒内表面有间隙，高压油就会经间隙流向低压区从而造成泄漏。由于液压元件密封不好，一部分油液也会向外部泄漏。泄漏会造成实际流量减少，流量损失影响运动速度。

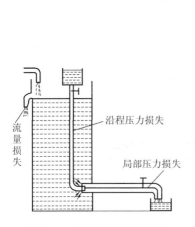

图1-16　局部变形压力损失

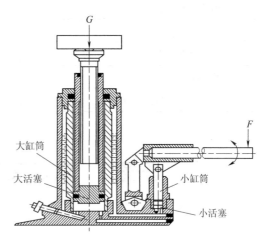

图1-17　液压千斤顶的装配图

（3）液压冲击现象　液压系统中，当油路突然关闭或换向时，压力会急剧升高，这种现象称为液压冲击。冲击的主要原因是：速度急剧变化、运动部件的惯性力、液压元件动作不够灵敏等。压力冲击会使某些液压元件（如压力继电器）产生误动作而损坏设备。避免液压冲击的主要办法是避免液流速度的急剧变化，延缓速度变化的时间。将液动换向阀和电磁换向阀联用可减小液压冲击，因为液动换向阀能把换向时间控制得慢一些。

（4）液压系统的空穴现象　液体流动中当某点压力低于液体所在温度下的空气分离压时，原来溶于液体中的气体会分离出来而产生气泡，这种现象称为空穴。当压力进一步减小直至低于液体的饱和蒸气压时，液体就会迅速汽化形成大量气泡，使空穴现象更为严重，从而使液流呈不连续状态。如果液压系统中发生了空穴现象，液体中的气泡随着液流运动到压力较高的区域时，气泡在较高压力作用下将迅速破裂，引起局部液压冲击，造成噪声和振动。气泡破坏液流的连续性，造成流量和压力的波动，使液压元件承受冲击载荷，影响其使用寿命。

（5）液压系统的气蚀现象　气泡中的氧气腐蚀金属元件表面，因发生空穴现象而造成的腐蚀称为气蚀。气蚀现象可能发生在液压泵、管路以及其他具有节流装置的地方，特别是液压泵装置。为了减少气蚀现象，系统内各点的压力均应高于液压油的空气分离压；液压泵的吸油高度不能太大，吸油管管径不能太小，液压泵的转速不能太高。气蚀现象是液压系统产生各种故障的原因之一，特别在高速、高压的液压设备中更应注意这一点。

评价反馈

填写学习效果自评表（表1-5）。

表1-5　学习效果自评表

序号	内　　容	分值	得分	备注
1	说出压力与流量的单位	10		
2	写出压力与流量的定义式	10		
3	叙述液体静力学方程	10		
4	叙述连续性方程	10		
5	解释帕斯卡定理	10		
6	说出液压传动的优点	20		
7	指出液压传动的五大缺陷	30		

任务3　认识液压实训台

任务导读

DL-DH201型液压实训台，是集液压传动控制、PLC可编程序控制技术于一体的综合性实训设备，如图1-18所示。该实训台可以进行常规的液压基本回路实训，还可以进行液压控制技术应用实验，液压技术仿真、模拟、设计，以及可编程序控制器（PLC）学习等。

本次任务的目的是让学生初步了解液压元件的形状和名称，熟悉液压实训台的组成、功能和简单操作，进一步理解压力、流量、压力损失和流量损失等基本概念，明确本课程的学习目标、学习任务和学习方法，培养学习兴趣。

图1-18　液压实训台

知识准备

一、认识液压实训台

1. 液压实训台的组成

如图 1-19 所示，该液压实训台采用独立液压泵站，配有油路压力调定功能，可以调定输出压力的安全工作压力。分油块使泵站配有多路压力油输出及回油，为多路液压回路进行供油与回油。采用闭锁式快速接头，可快速接通或封闭油路，实现油箱、液压泵及控制系统的一体化设计。液压实训台各部分的作用如下：

（1）支架　用于液压元件的固定及设施的支撑，能实现液压回路实验操作。台面采用钢板与网孔板，其网孔板主要用于盛接渗漏的油液，保证其工作环境。万向轮用于工作台的运输及固定支撑。

（2）工具橱　作用是放置液压元件及控制箱。

（3）液压站　液压传动装置的动力源。

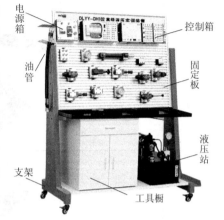

图 1-19　液压实训台

2. 液压实训主要元件简介

液压元件种类规格很多，有压力控制元件、方向控制元件、速度控制元件及各种辅助元件等，其名称、图形符号及应用见表 1-6。

表 1-6　液压元件名称、图形符号及应用

序号	名称	实物图片	图形符号	应用
1	直动式溢流阀			调压稳压，安全保护
2	减压阀			降低液压系统中某个分支的压力
3	液压缸			执行元件，实现往复直线运动
4	单作用电磁换向阀			控制执行元件的起动、停止或变换运动方向

15

（续）

序号	名称	实物图片	图形符号	应用
5	双作用电磁换向阀			控制执行元件的起动、停止或变换运动方向
6	单向节流阀			控制液流朝一个方向流动，反向截止
7	分油块			分配油液流动方向
8	压力表			显示被测部位油液压力大小
9	压力继电器			将液压信号转换为电信号的转换装置
10	行程开关			控制电信号通断的装置

二、认识油箱及动力装置

液压站是液压传动装置的动力源，液压站与驱动装置用油管连接。图 1-20 所示为液压站组成装置。图 1-21 所示为电动机与液压泵的安装图。

1. 液压站组成与功用

（1）液压泵　分为齿轮泵、叶片泵、柱塞泵等。本设备采用的是齿轮泵，压力为 7MPa，排量为 16mL/r。

（2）压力表　用于实时显示系统压力值，便于读取数据。

（3）油箱　储油、散热、分离油中的空气及沉淀杂质，支撑动力等，容量为 40L。

（4）油位计　显示油位及温度。当油位低于 2/3 时，应添加液压油。

（5）空气过滤器　添加液压油的油口，过滤空气及油液。

2. 液压站的工作原理

液压站为电动机带动液压泵工作提供压力油。电动机旋转，齿轮泵随之旋转进行吸油，当转速达到一定值时，系统压力固定在调定值之内。通过液压阀对驱动装置进行方向、压力、流量调节和控制，实现各种规定动作。

图 1-20　液压站组成装置　　　　图 1-21　电动机与液压泵的安装图

三、液压实训台保养维护与操作注意事项

1）实训装置起动，电机运行前，需使各电磁阀处于失电状态。

2）安全阀调好后，禁止学生擅自调节。教师因实验所需欲作调整时，应注意调定压力不能高于系统的额定压力。

3）按照实验要求的操作步骤进行操作。特别是在进行手动操作时，不应随意开启与实验无关的电磁阀，同一时刻动作的电磁阀个数不应过多。

4）实验时如有异常现象应停机检查，排除故障后再运行系统。当实验停顿时间较长时，应使液压泵卸荷。

5）顺时针方向拧溢流阀、节流阀为关小，逆时针方向为开大；顺时针方向拧调速阀为开大，逆时针方向为关小。

6）注意实训台上的警告标志。

7）保持液压油清洁是系统正常运行的关键，使用时应确保无杂质进入；油箱中液压油的油位应定期观察，保持在油标中间液面位置，以便有足够的液压油供给系统运行。

8）实验完成后需复位各电磁阀，按"停止"按钮使电动机及液压泵停止工作。关闭漏电断路器开关，切断装置电源。

9）进行日常的清洁、整理工作，保证装置干净整洁。

四、认识液压油

1. 液压油的用途

液压油是液压系统中借以传递能量的工作介质，是液压系统的"血液"，液压系统中油是不可缺少的组成部分。液压油作为工作介质起到能量传递、转换和控制的作用，同时对系统内部元件起到润滑、防腐蚀和防锈等作用。合理选择、使用、维护、保管液压油，关系到液压设备工作的可靠性、耐久性和工作性能，是减少液压设备故障的有力保障。

1）传递运动与动力：将泵的机械能转换成液体的压力能并传至各处，由于油本身具有粘度，因此在传递过程中会产生一定的能量损失。

2）润滑：液压元件各移动部位都可受到液压油充分润滑，从而降低元件磨损。

3）密封：油本身的粘性对细小的间隙有密封的作用。

4）冷却：系统损失的能量导致系统变热，油液循环可以带出热量。

2. 液压油的性质

（1）密度和重度　单位体积所具有的质量称为密度，用 ρ 表示；单位体积所具有的重量称为重度，用 γ 表示。$\rho = m/V$（kg/m^3），$\gamma = \rho g$（N/m^3）。其重度越大，泵的吸入性越差。

（2）闪火点　油温升高时，部分油会蒸发而与空气混合成油气，此油气所能点火的最低温度称为闪火点，如继续加热则会连续燃烧，此温度称为燃烧点。

（3）粘度　油液对流动阻力的度量，是液压油最重要的性质。图 1-22 所示为油箱中的油液。液体流动时沿其边界面会产生一种阻止其运动的流体摩擦作用，这种产生内摩擦力的性质称为粘性。液压油粘性对机械效率、磨耗、压力损失、容积效率、漏油及泵的吸入性影响很大。粘性的大小用粘度来表示，粘度可分为动力粘度和运动粘度两种。

1）动力粘度（μ）：根据牛顿内摩擦定律导出的粘度单位。内摩擦力大小与液层之间的接触面积、动力粘度、层间相对速度成正比，而与液层的相对距离成反比。液体的动力粘度越大，流动液体的内摩擦阻力也越大。反之液体的动力粘度越小，流动液体的内摩擦阻力也越小。图 1-23 所示为液体的粘性示意图。

2）运动粘度（ν）：液体动力粘度（μ）与该液体密度（ρ）的比值称为运动粘度。即：$\nu = \mu/\rho$。工程实际中常用运动粘度作为液体的粘度指标。

3）粘度等级：液压油的粘度等级是以其 40℃ 时运动粘度的平均值来表示的。如 L-HM32 液压油的粘度等级为 32，则 40℃ 时其运动粘度的平均值为 $32mm/s^2$。

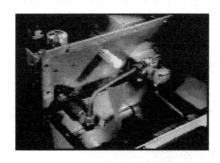

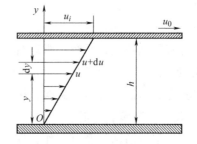

图 1-22　油箱中的油液　　　　　图 1-23　液体的粘性示意图

（4）可压缩性　液体受压力作用而发生体积变化的性质称为液体的可压缩性。压力增大时油液体积减小，反之增大。液压油抵抗压缩能力很强，一般情况下认为液压油是不可压缩的，只有在超高压系统中才需要考虑其可压缩性。可压缩性会降低运动精度，增大压力损失而使油温上升，压力信号传递时，会有时间延迟、响应不良的现象。

3. 粘度与压力和温度的关系

　　液体粘度随压力和温度的变化而变化。当液体所受压力增大时，分子间距减小，内摩擦力增大，粘度也随之增大。一般在中低压力范围内，液压油粘度受压力变化的影响很小，通常可忽略不计。若压力高于10MPa或压力变化较大时，则应考虑压力对粘度的影响。液压油的粘度对温度变化比较敏感，温度升高，液压油粘度明显下降，反之粘度增大。液压油粘度变化将会直接影响液压系统的工作性能和泄漏量。最好采用粘度受温度变化影响小的油液。

技能操作

活动1　液压实训操作演示

　　（1）实训器材准备　液压站、O型三位四通电磁换向阀、液压缸、油管、分油块等。

　　（2）原理图分析　如图1-24所示，当系统提供压力时，按下按钮S1，电磁阀Y1通电，压力油经过换向阀左位进入液压缸左腔，右腔油液经过换向阀左位流回油箱，活塞杆伸出。按下按钮S2，电磁阀Y2通电时，压力油经过换向阀右位进入液压缸右腔，右腔油液经过换向阀右位流回油箱，活塞杆缩回。当电磁阀Y1、Y2都断电时，电磁换向阀处于中位，阀口封闭，液压缸锁紧，溢流阀起调压和安全保护作用。

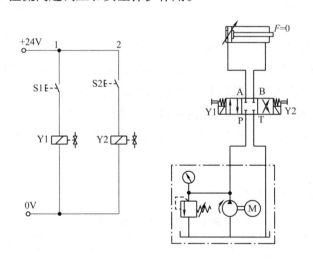

图1-24　换向回路系统图

　　（3）油路连接与演示

　　1）图形符号所代表的液压元件有液压站、O型三位四通电磁换向阀、液压缸、油管。

　　2）根据液压回路图进行回路安装连接，根据电气原理图连接控制回路。

　　3）对照回路图逐步检查元件安装位置是否正确，各接口是否连接正确和牢固，确保无泄漏现象发生。

　　4）开车调试，观察实训效果。

　　（4）停车

　　1）按下电动机的急停开关，使液压泵停止工作。

2）对设备进行卸压。

3）卸压完毕后关闭电源总开关。

活动2 讨论液压油的污染

（1）液压油的污染物 空气、水分、机械杂质颗粒、氧化生成物。

（2）液压油的污染原因

1）外部侵入的污物：液压设备在加工和组装时残留的切屑、焊渣、铁锈等杂物混入所造成的污物，只有在组装后立即清洗方可解决。

2）外部生成的不纯物：泵、阀、执行元件、O形密封圈长期使用后，因磨损而生成的金属粉末和橡胶碎片在高温高压下和液压油发生化学反应所生成的胶状污物。液压油的恶化速度与含水量、气泡、压力、油温、金属粉末等有关，其中以温度影响为最大，故液压设备运转时，须特别注意油温变化。

3）泄漏：液压设备配管不良、油封破损是造成泄漏的主要原因，泄漏发生时，空气、水、灰尘便可轻易地侵入油中，当泄漏发生时必须立即加以排除。

（3）液压油的污染危害

1）空气导致液压系统产生噪声，引起气蚀、爬行和振动，还会加速油液氧化，使油液性质变差。

2）水分导致高温高压时产生汽蚀，降温后凝结成水，水分腐蚀金属并加速油的氧化，使油液润滑性能降低，温度低于0℃时，会结冰阻碍液体流动，堵塞油路。

3）颗粒杂质会卡死阀芯，阻碍正常运动，堵塞元件阻尼孔、节流口等，拉伤配合面和运动表面从而产生各种故障，影响系统的正常工作和使用寿命。

4）氧化生成物在高温高压和空气作用下，氧化生成胶粘性物质堵塞元件阻尼孔。

评价反馈

填写学习效果自评表（表1-7）。

表1-7 学习效果自评表

序号	内　容	分值	得分	备注
1	找出五个液压元件并说出名称	20		
2	绘制五个液压元件的图形符号	20		
3	叙述液压站的组成与功能	20		
4	叙述液压油的用途	20		
5	说出液压油的污染物与危害	20		

 **项目考核**

一、判断

1. 液压传动装置本质上是一种能量转换装置。 （ ）

2. 液压传动具有承载能力大、可实现大范围内无级变速和获得恒定的传动比的特点。

（　　）

3. 帕斯卡原理指外力产生的压力通过液体等值地传递到液体内部所有各点。（　　）

4. 油液在无分支管路中稳定流动时，管路截面积大的地方流量大，截面积小的地方流量小。（　　）

5. 图1-25所示的充满油液的固定密封装置中，F_1、F_2两个大小相等的力分别作用在原来静止的光滑活塞的两端，那么两活塞将向右运动。（　　）

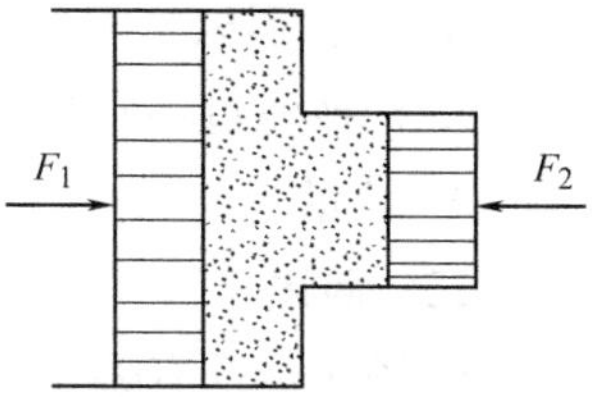

6. 图1-26中两液压缸A、B尺寸相同，活塞匀速运动，不计损失，试判断下列概念：

图1-25　示意图

（1）液压缸B活塞上的推力是液压缸A活塞上推力的两倍。（　　）

（2）液压缸B活塞的运动速度是液压缸A活塞运动速度的两倍。（　　）

（3）若考虑损失，则液压缸B中压力油的泄漏量大于液压缸A中压力油的泄漏量。（　　）

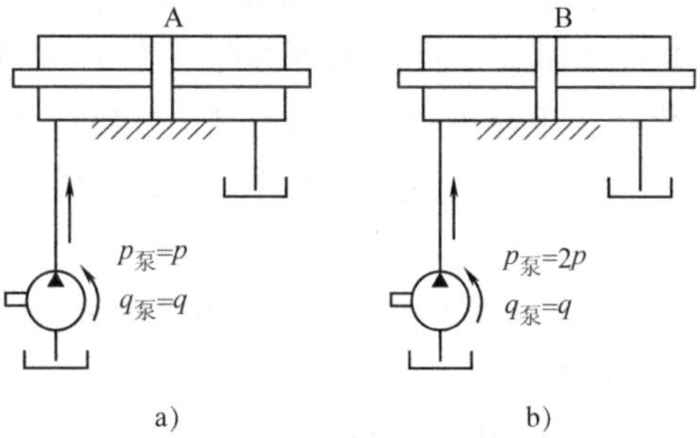

图1-26　原理图

7. 实际的液压传动系统中的压力损失以局部损失为主。（　　）

8. 液压传动系统的泄漏必然引起压力损失。（　　）

9. 油液的粘度随温度而变化。低温时油液粘度增大，液阻增大，压力损失增大；高温时粘度减小，油液变稀，泄漏增加，流量损失增加。（　　）

10. 液压传动系统中，动力元件是液压缸，执行元件是液压泵，控制元件是油箱。（　　）

二、选择

1. 液压系统的执行元件是（　　）。

A. 电动机　　　　　　　　　　B. 液压泵

C. 液压缸或液压马达　　　　　D. 液压阀

2. 液压系统中液压泵属（　　）。

A. 动力部分　　B. 执行部分　　C. 控制部分　　D. 辅助部分

3. 在静止油液中（　　）。

A. 任意一点所受到的各个方向的压力不相等

B. 油液的压力方向不一定垂直指向承压表面

C. 油液的内部压力不能传递动力

D. 当一处受到压力作用时，将通过油液将此压力传递到各点，且其值不变

4. 油液在截面积相同的直管路中流动时，油液分子之间、油液与管壁之间摩擦所引起的损失是(　　)。

A. 沿程损失　　　　　B. 局部损失　　　　　C. 容积损失　　　　　D. 流量损失

5. 油液流过不同截面积的通道时，油液在各个截面积的(　　)与通道的截面积成反比。

A. 流量　　　　　　　B. 压力　　　　　　　C. 流速

三、简述

1. 液压传动有哪些特点？

2. 液压传动系统由哪几部分组成？各部分的作用是什么？

3. 液压传动系统为什么会产生压力损失？怎样减小压力损失？

4. 试述液压冲击与空穴现象。

四、计算

1. 如图 1-27 所示，容器内盛有油液。已知油液的密度 $\rho = 900 \mathrm{kg/m^3}$，液面上的作用力 $F = 1000\mathrm{N}$，容器的截面积 $A = 0.001\mathrm{m^2}$。问活塞下方深度为 $h = 0.5\mathrm{m}$ 处的压力等于多少？

2. 在图 1-28 所示的简化液压千斤顶中，手扳力 $T = 294\mathrm{N}$，大小活塞的作用面积分别为 $A_2 = 5 \times 10^{-3}\mathrm{m^2}$，$A_1 = 1 \times 10^{-3}\mathrm{m^2}$，忽略损失，试解答下列各题并在计算末尾填入所用的原理或定义。

（1）求通过杠杆机构作用在小活塞上的力 F_1 及此时系统压力 p。

（2）求大活塞能顶起重物的重力 G。

（3）大小活塞运动速度哪个快？快多少倍？

（4）设需顶起的重物的重力 $G = 19600\mathrm{N}$ 时，系统压力 p 又为多少？作用在小活塞上的力 F_1 应为多少？

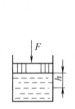

图 1-27　容器

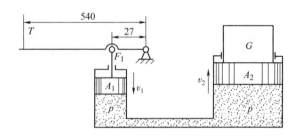

图 1-28　简化千斤顶

项目二 液压泵的结构与调试维修

 知识目标

1. 理解液压泵的工作原理和必要的工作条件。
2. 正确识别液压泵的职能符号。
3. 了解齿轮泵、叶片泵和柱塞泵的日常维护。

 技能目标

1. 能正确选用液压元件进行回路连接。
2. 能在老师的指导下对齿轮泵进行拆装。
3. 具有初步分析故障和排除故障的能力。

 职业素养

1. 生活的理想，就是为了理想的生活。——张闻天
2. 人只要有信念有追求，什么艰苦都能忍受，什么环境都能适应。——丁玲
3. 一个人的价值，应该看他贡献什么，而不应当看他取得什么。——爱因斯坦

想一想、议一议

1）观察医疗注射器，其工作原理是什么？

2）液压泵与人体心脏的功能相同，理解液压泵在液压系统中的重要性。

3）如何理解液压泵又称为容积式液压泵？

任务1 液压泵工作原理与性能分析

🔧 任务导读 ▪▪▪

液压泵是液压系统的重要组成部分，是液压系统的动力元件，它把原动机的机械能转换成液压系统的压力能。液压泵由原动机驱动，输入量为转矩 T 和角速度 ω；输出量以压力 p 和流量 q 的形式输送到系统中，如图 2-1 和图 2-2 所示。

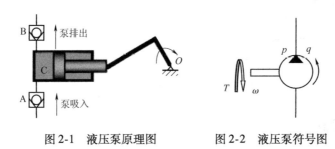

图 2-1　液压泵原理图　　　　图 2-2　液压泵符号图

⚙ 知识准备 ▪▪▪

一、液压泵的种类与图形符号

1. 液压泵的种类

根据工作腔容积变化而进行吸油和排油是液压泵的共同特点，这种泵又称为容积泵。液压泵按其在单位时间内输出油液体积能否调节，分为定量泵和变量泵；按结构形式分为齿轮泵、叶片泵和柱塞泵三大类，如图 2-3 所示。

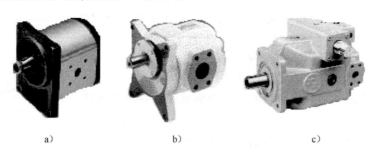

图 2-3　液压泵实物图
a）齿轮泵　b）叶片泵　c）柱塞泵

2. 液压泵的图形符号

液压泵的图形符号如图 2-4 所示，图 2-4a 所示为单向定量泵，图 2-4b 所示为单向变量泵，图 2-4c 所示为双向定量泵，图 2-4d 所示为双向变量泵。

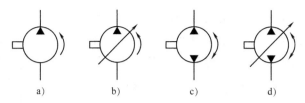

图 2-4　液压泵的图形符号

二、液压泵的性能参数

1. 液压泵的压力

液压泵的工作压力是指泵工作时输出油液的实际压力，其大小由工作负载决定。液压泵的额定压力是泵在正常工作条件下按试验标准规定，连续运转的最高压力，它受泵本身泄漏和结构强度制约，由于液压传动的用途不同，需要的压力也不相同，液压泵的压力分为几个等级，见表 2-1。

表 2-1　压力分级

压力等级	低压	中压	中高压	高压	超高压
压力/MPa	≤2.5	>2.5~8	>8~16	>16~32	>32

2. 液压泵的排量和流量

（1）排量　指泵轴每转一周其密封容积几何尺寸变化计算排出液体的体积，用 V 表示，常用单位为 cm^3/r。排量大小取决于泵的密封工作腔的几何尺寸。

（2）流量　有理论流量和实际流量之分。理论流量（q_t）指泵在单位时间内由密封容积几何尺寸变化计算排出液体体积。它等于排量 V 和转速 n 的乘积，即：$q_t = Vn$。实际流量 q_n 是指泵在某工作压力下实际排出的液体流量。由于泵存在内泄漏，所以泵的实际流量小于理论流量。泵在正常工作条件下，试验标准规定必须保证的流量称为泵的额定流量。

3. 液压泵的功率和效率

（1）液压泵的功率　功率是指单位时间内所做的功，用 P 表示。由物理学可知，功率等于力和速度的乘积，当液压缸内油液对活塞的作用力与负载相等时，能推动活塞以速度 v 运动，则液压泵的输出功率 $P_泵 = pq$，液压缸的功率 $P_缸 = Fv$。

（2）液压泵的效率　液压泵在能量转换和传递过程中，必然存在能量损失，如泵泄漏造成流量损失，机械运动副之间摩擦引起的机械能损失等。液压泵的总效率等于机械效率与容积效率的乘积，即 $\eta_总 = \eta_m \eta_V = P_{out}/P_{in}$。

技能操作

活动 1　探讨容积式液压泵工作的必要条件

（1）单柱塞泵的工作原理　如图 2-5 所示，单柱塞泵由泵体 4 和柱塞 5 构成一个密闭容积，偏心轮 6 由原动机带动旋转，当偏心轮向下转时，柱塞在弹簧 2 的作用下向下移动，容

积 a 逐渐增大形成局部真空，油箱内的油液在大气压作用下，顶开单向阀 1 进入容积 a 中实现吸油。当偏心轮向上转动时，推动柱塞向上移动，容积 a 逐渐减小，油液受柱塞挤压而产生压力，单向阀 1 关闭，油液顶开单向阀 3 流入系统，完成压油。

（2）工作过程分析　单柱塞泵的密封容积由_____零件和_____零件构成。密封容积的变化由_____来完成，其排油量的大小取决于密封腔的_____。单向阀 1、3 使吸油腔和压油腔_____起配油的作用。为了液压泵吸油充分，油箱必须和大气_____。

（3）工作的必要条件　具有若干个交替变化的_____容积；密闭容积能周期性变化，完成_____和_____过程；具有相应的配油装置；吸油过程中，油箱必须与_____相通。

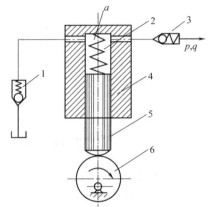

图 2-5　液压泵工作原理图

1、3—单向阀　2—弹簧
4—泵体　5—柱塞　6—偏心轮

活动 2　液压泵性能参数实验

（1）实验器材　液压站、压力表、溢流阀、手动换向阀、液压缸、油管、分油块等。

（2）油路连接　将给定液压元件按图 2-6 所示样式分别连接，并连接好油箱。起动电动机，观测压力表读数，如图 2-7 所示。完成相应问题：

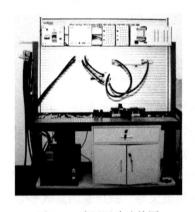

图 2-6　液压回路连接图

图 2-7　溢流阀调定及压力表读数

（3）用图形符号绘制实验板上的液压回路图。

（4）泵在三种状态下压力表显示数值，正常工作_____、过载_____和卸载_____。

（5）实验可知，工作压力的大小取决于_____的大小和排油管路上的压力损失，压力的大小与液压泵流量无关。

活动3　分析液压泵的压力与流量

1. 比较液压泵工作压力和额定压力

1）液压泵的工作压力指液压泵在_____输出的压力，即油液克服阻力而建立起来的压力。外负载增加，液压泵的工作压力也随之升高。

2）液压泵的额定压力是指液压泵在工作中允许达到的_____工作压力，即在液压泵铭牌或产品样本上标出的压力。

3）在正常的工作环境下，液压泵的工作压力_____（大于、小于）额定压力。

2. 比较液压泵的排量与流量

1）液压泵的排量是指泵轴转_____所排出油液的体积，液压泵的排量取决于液压泵密封腔的几何尺寸，不同液压泵排量不一样。

2）液压泵的流量是指液压泵在_____输出油液的体积，理论流量是指不考虑液压泵泄漏损失情况下，液压泵在单位时间内输出油液的体积。液压泵的实际流量应_____（大于、小于）理论流量。

3）额定流量指泵在_____下工作时，实际输出的流量。泵铭牌上标出的流量为泵的额定流量。

任务2　齿轮泵结构与调试维修

任务导读

齿轮泵在液压系统中应用广泛，按其结构不同，分为外啮合齿轮泵和内啮合齿轮泵。齿轮泵具有结构简单、体积小、制造方便、价格低、维修方便、效率低等特点。本次任务是通过对齿轮泵的拆装，熟悉齿轮泵结构，学会使用拆装工具，为设备维修打好基础。

知识准备

一、齿轮泵的工作原理

齿轮泵的工作原理如图2-8所示，泵体内有一对等模数和齿数的齿轮，当吸油口和压油口各用油管与油箱接通后，齿轮各齿间和泵体以及齿轮前后端面间形成密封工作腔，啮合线把它们分隔为两个互不串通的吸油腔和压油腔。当齿轮按顺时针方向旋转时，右侧轮齿脱开啮合使容积增大，形成真空，在大气压作用下从油箱吸油，并被旋转的轮齿带到左侧，左侧轮齿进入啮合时，使密封容积减小，油液从齿间被挤出而压油。

二、齿轮泵的结构特点

1. 齿轮泵的困油问题

如图2-9所示，齿轮泵运转过程中，常有一部分油液被封闭在齿间，称为困油现象。当密闭容积由大到小变化时，困油压力升高而产生冲击；当密闭容积由小到大变化时，困油压力降低而产生空穴，引起振动和噪声。解决困油问题的措施是，在前后盖板或浮动轴套上开卸荷槽，一方面在齿轮端面和泵盖之间应有适宜的间隙，使齿轮转动灵活；另一方面防止泵内油液外泄，减轻螺钉所受的拉力。开卸荷槽的原则是两槽间距 a 为最小密封容积，使密封容积由大变小时与压油腔相通，由小变大时与吸油腔相通。

2. 齿轮泵的容积效率

齿轮泵的效率比较低，原因是齿轮泵结构上有三处间隙导致油液从高压腔流到低压腔。一是齿轮啮合线处的间隙；二是齿顶间隙；三是齿轮两端面的间隙，其泄漏量约占 75% ~ 80%。齿轮泵的泄漏量随其工作压力的提高而增大，同时又随着端面磨损的加剧而增加。

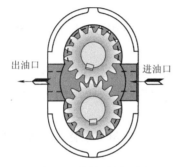

图 2-8　齿轮泵原理图

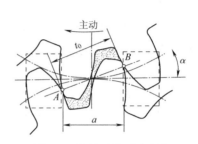

图 2-9　齿轮泵的困油现象

3. 齿轮泵径向力不平衡问题

齿轮泵工作时，压油腔压力高，吸油腔压力低，对齿轮产生不平衡的径向力，使轴弯曲变形，轴承磨损加快，严重时齿顶圆磨损。为了减小径向力不平衡对泵带来的不良影响，在齿轮泵上采取了缩小压油口的方法，使压油腔的油压仅作用在 1 ~ 2 个齿的范围内。

 技能操作

活动 1　齿轮泵的拆装

1. 拆装工具

内六角扳手、套筒扳手、螺钉旋具和齿轮泵，齿轮泵分解图如图 2-10 所示。

2. 拆卸步骤

1）用套筒扳手卸掉泵盖上的全部螺钉。

2）卸下定位销及泵盖。

3）从后泵盖卸下端面密封圈。

4）从泵体内取出主动、从动齿轮轴及轴套。

5）卸下浮动侧板。

6）从侧板上卸下密封圈和挡圈。

7）检查油封是否良好，是否需要更换。

8）将拆卸的零件用煤油或柴油清洗。

图 2-10　齿轮泵分解图

3. 装配步骤

1）用煤油或柴油清洗全部零件。

2）将主动轴轴头骨架油封打入盖板槽内，油封的唇口应朝向里边，切勿装反。

3）将各密封圈洗净后装入各相应油封槽内。

4）将合格的轴承涂润滑油装入相应的轴承孔内。

5）将轴承或侧板与主动、从动齿轮组装成齿轮轴套副，在运动表面加润滑油。

6）将轴套副与前后泵盖组装。

7）将定位销装入定位孔中，打到位。

8）将主动轴装入主动齿轮花键孔中，同时将轴盖装上。

9）装连接两泵盖及泵壳的紧固螺钉。

10）填封好油口，组装完成。

活动2　根据拆装过程回答问题

1）观察齿轮泵外形，泵铭牌上的参数有_____。

2）找出泄漏部位，说明泄漏量最大之处是_____。

3）齿轮泵卸荷槽的作用是_____，如图2-11所示。

4）观察齿轮泵两个油口的大小，吸油口_____，压油口_____。

卸荷槽

图2-11　齿轮泵泵盖

活动3　齿轮泵常见故障及排除方法（表2-2）

表2-2　齿轮泵常见故障及排除方法

序号	故障现象	故障原因		排除故障方法
		使用中的泵	新安装调试的泵	
1	泵吸不进油	（1）密封件老化变形 （2）吸油过滤器被脏物堵塞 （3）油箱油位过低 （4）油温太低，油粘度过高 （5）泵的油封损坏，吸入空气	（1）密封件老化变形 （2）吸油过滤器被脏物堵塞 （3）泵安装位置过高，吸程超过规定 （4）油温太低，油粘度过高 （5）泵油管过细过长阻力大 （6）吸油侧漏气 （7）泵的转向不对或转速过低	（1）检查吸油部分，更换失效的密封件 （2）过滤油液或更换过滤器 （3）泵的吸程在规定范围内 （4）按季节选用合适的液压油 （5）泵的吸油管过细过长阻力大 （6）检查吸油部位并维修 （7）换大通径油管，缩短吸油管长度 （8）改变泵的转向，增大转速到规定值

（续）

序号	故障现象	故障原因		排除故障方法
		使用中的泵	新安装调试的泵	
2	泵压力上不去	（1）泵内运动件磨损，容积效率低 （2）溢流阀阀芯磨损或被卡住，动作不良 （3）泵安装位置过高，吸程超过规定值 （4）泵的轴向或径向间隙过大	（1）吸油侧少量吸入空气 （2）高压一侧有漏油现象 （3）溢流阀调压过低或关闭不严 （4）吸油阻力过大或进入空气 （5）泵的转速过高或过低 （6）高压管道有问题，系统内部卸荷 （7）液压泵质量有问题	（1）检查泵或更换新泵 （2）修磨或更换阀芯 （3）过滤油液 （4）密封不好，改善密封 （5）查找泄漏部位，及时处理 （6）调节或维修溢流阀 （7）检查系统阻力大的原因并消除 （8）使泵转速在规定范围内
3	泵效率低	（1）泵内密封件损伤 （2）泵内滑动件磨损严重 （3）溢流阀或换向阀磨损或间隙太大 （4）泵内有脏物或间隙过大	（1）泵的质量不好或吸入杂物 （2）泵转速过低或过高 （3）油箱内出现负压	（1）检修泵，更换密封件 （2）检修溢流阀或更换新阀 （3）清洗过滤器，过滤油液 （4）使泵在规定转速范围内运转 （5）增大空气过滤器的容量
4	泵温升过快	（1）压力过高，转速太快 （2）油粘度过高或内部泄漏严重 （3）回油路的背压过高	（1）压力调节阀不当，转速太高，侧板烧损 （2）油箱太小，散热不良 （3）油的粘度不当，温度过低	（1）调溢流阀，降低转速到规定值，修理泵 （2）换合适的油，检查密封 （3）消除背压过高的原因 （4）加大油箱 （5）选用粘度合适的油或给油加热
5	泵有泄漏	（1）管路连接部分的密封件老化、损伤或变质 （2）油温过高，油粘度低	（1）管路应力未消除，密封处接触不良 （2）密封件规格不对，密封性不良 （3）密封圈损伤	（1）检查更换密封件 （2）消除油温过高，换粘度较高的油 （3）消除管道应力，更换密封件 （4）更换密封圈

任务3 叶片泵结构与调试维修

任务导读

叶片泵结构紧凑、外形尺寸小、流量均匀、运转平稳、噪声小，缺点是结构比较复杂、自吸性能差、对油液污染较敏感。根据各密封容积在转子旋转一周吸、排油液次数的不同，叶片泵分为双作用叶片泵和单作用叶片泵。单作用叶片泵多为变量泵，工作压力最大为7MPa。双作用叶片泵均为定量泵，一般最大工作压力为7MPa，经过结构改进的高压叶片泵最大工作压力可达16～21MPa。

知识准备 ■■■

一、双作用叶片泵

1. 双作用叶片泵的工作原理

图2-12所示为双作用叶片泵的工作原理图，图2-13所示为叶片泵主要零件分解图。叶片泵主要由定子1、转子3、叶片4及配油盘、转动轴和泵体等组成。定子内表面由两段长半径圆弧和两段短半径圆弧及四段过渡曲线组成。定子和转子同轴安装，转子旋转时，叶片靠离心力和叶片根部油压作用伸出，与前后配油盘形成一个密封腔。转子顺时针方向旋转，密封腔的容积在右上角和左下角处逐渐减小为压油区，在左上角和右下角处逐渐增大为吸油区。吸油区和压油区之间有一段封油区把它们隔开。转子每转一周，密封工作腔吸油、压油各两次，故称双作用叶片泵。作用在转子上的径向力平衡，故又称为平衡式叶片泵。

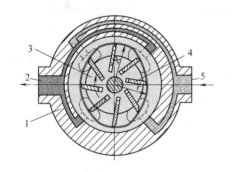

图2-12 双作用叶片泵的工作原理图
1—定子 2—出油口 3—转子 4—叶片 5—进油口

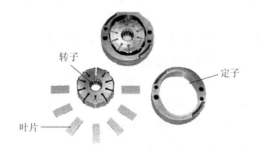

图2-13 叶片泵主要零件分解图

2. 双作用叶片泵配油盘的结构

图2-14所示为双作用叶片泵配油盘零件图。配油盘的上、下两缺口 b 为吸油窗口，两个腰形孔 a 为压油窗口，相隔部分为封油区域。在腰形孔端开有卸荷槽 e，作用是使叶片间的密封容积逐步改变，避免发生困油而产生高压冲击，减小振动和噪声。在配油盘上对应于叶片根部位置开有一环形槽 c，在环形槽内有两个小孔 d 在排油孔道相遇，引进压力油作用于叶片底部，保证叶片紧贴定子内表面。f 为泄漏油孔，它将泵体间的泄漏到轴承的油液引入吸油口，以降低骨架式密封圈的密封要求和保证冷油循环润滑轴承。

双作用叶片泵如不考虑叶片厚度，泵的输出流量是均匀的，但实际叶片是有厚度的，长半径圆弧和短半径圆弧也不可能完全同心，特别是叶

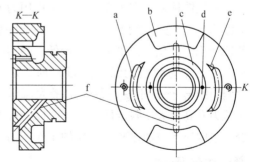

图2-14 双作用叶片泵配油盘零件图
a—压油窗口 b—吸油窗口 c—环形槽
d—压油小孔 e—卸荷槽 f—泄漏油孔

片底部槽与压油腔相同，因此泵的输出流量将出现微小的脉动，但脉动率较其他形式的泵小得多。当叶片数为4的整数倍时脉动最小，所以双作用叶片泵的叶片数一般为12或16。

二、单作用叶片泵

1. 单作用叶片泵的工作原理

如图 2-15 所示，叶片泵由转子 1、定子 2、叶片 3 和端盖等组成。定子具有圆柱形内表面，定子和转子之间有偏心距 e，叶片装在转子槽中并可在槽内滑动。当电动机驱动转子逆时针方向旋转时，由于离心力作用，使叶片顶紧定子内表面。在定子、转子、叶片和两侧的配油盘之间就形成了一个个密封容积。叶片经过右半部时伸出，密封容积增大，完成吸油过程；叶片经过左半部时，被定子内表面逐渐压入槽内，密封容积减小，完成压油过程。转子每转一周，吸油、压油各一次，称为单作用叶片泵。由于转子受不平衡径向力作用，单作用叶片泵又称为非平衡式叶片泵。改变转子与定子的偏心距 e，即可改变泵的流量，偏心距越大流量越大，如偏心距调整至几乎为零，则流量接近为零，因此单作用叶片泵大多为变量泵。

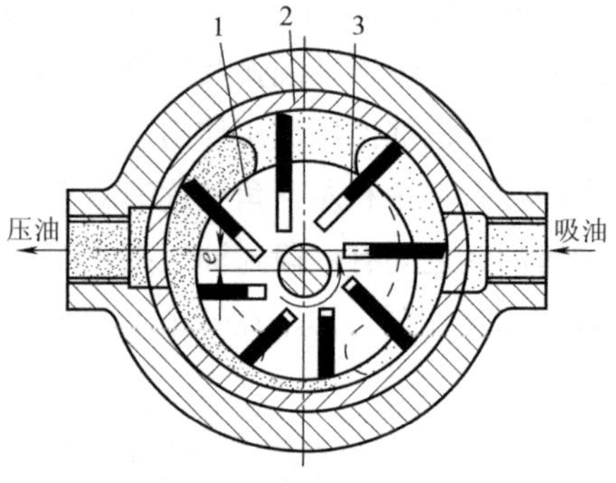

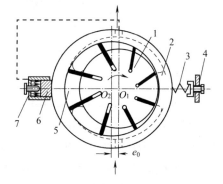

图 2-15　单作用叶片泵工作原理
1—转子　2—定子　3—叶片

2. 限压式变量叶片泵

当负荷减小时，泵输出流量变大；当负荷增加时，泵输出流量变小，输出压力增大，负载速度降低，能量消耗减少，从而避免了油温上升。限压式变量泵又分为外反馈式和内反馈式，这里以外反馈式变量叶片泵为例，介绍变量泵的工作原理，如图 2-16 所示。

转子 1 的中心 O_1 不变，定子 2 则可以左右移动，定子在右侧限压弹簧 3 的作用下，被推向左端和柱塞 6 靠紧，使定子和转子间有原始偏心量 e_0，它决定了泵的最大流量。e_0 的大小可通过流量调节螺钉 7 调节。泵的出口压力 p 经泵体内作用于左侧反馈柱塞 6 上，使反馈柱塞对定子 2 产生一个作用力 pA（A 为柱塞面积）。由于泵的出口压力 p 取决于外负载，并随负载变化而变化。当供油压力较低，$pA \leqslant kx_0$（k 为弹簧刚度，x_0 为弹簧的预压缩量）时，定子不动，最大偏心距 e_0 保持不变，泵输出最大流量。当泵的工

图 2-16　外反馈式变量叶片泵工作原理
1—转子　2—定子　3—弹簧　4、7—调节螺钉
5—配有盘　6—反馈柱塞

作压力升高而大于限定压力，即 $pA \geqslant kx_0$ 时，限压弹簧被压缩，定子向右移动，偏心量减少，泵的流量也随之减小。泵的工作压力越高偏心量就越小，泵的流量也越小。

🔧 **技能操作** ▪▪▪▪ ○

活动 1　探讨双作用叶片泵

图 2-17 所示为双作用叶片泵立体分解图，认清各组成零件名称及结构特点。

1）双作用叶片泵的主要零件有泵体、端盖、传动轴及核心组件，核心组件包括：_____、_____、_____。

2）配油盘有_____个，在核心组件_____侧。

3）叶片在叶片槽内自由伸缩，槽中_____（有、无）弹簧，使叶片紧贴在定子内壁的力是_____和_____。

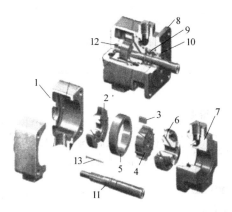

图 2-17　双作用叶片泵立体分解图

1—后泵体　2—左配油盘　3—叶片　4—转子　5—定子　6—右配油盘　7—前泵体

8—端盖　9、12—轴承　10—密封圈　11—传动轴　13—定位销

活动2　叶片泵与齿轮泵比较

1）叶片泵比齿轮泵工作压力_____，容积效率_____，原因是_____。

2）齿轮泵是定量泵，单作用叶片泵是_____泵。

3）齿轮泵结构_____，成本低，制造容易，维修方便；叶片泵结构_____，制造精度高，成本高。

4）叶片泵对油液污染_____，叶片容易被油液中的杂质卡死，工作可靠性差。

活动3　叶片泵常见故障及排除方法（表2-3）

表2-3　叶片泵常见故障及排除方法

序号	故障现象	故障原因		排除故障方法
		使用中的泵	新安装调试的泵	
1	泵调不到额定压力	（1）泵的容积效率过低 （2）泵吸油不足，吸油侧阻力大 （3）溢流阀的锥阀磨损，在周圆上有痕迹	油中混有气体，吸油不足	（1）检修叶片泵，更换磨损零件 （2）检查吸油部位、油位和过滤器 （3）卸下先导阀，观察锥阀有无磨损痕迹，更换溢流阀或零件 （4）查吸油侧进气部位

（续）

序号	故障现象	故障原因		排除故障方法
		使用中的泵	新安装调试的泵	
2	泵吸不进油	（1）泵的旋转方向不对 （2）吸油管太细或过长 （3）吸油侧密封不良，吸入空气 （4）检修叶片泵	（1）泵安装位置超过规定 （2）吸油管太细或过长 （3）吸油侧密封不良，吸入空气 （4）泵的旋转方向不对 （5）叶片泵质量有问题	（1）调整叶片泵的吸油高度 （2）改变吸油侧，按规定安装 （3）管接头和泵连接处透气，改善密封 （4）改变运动方向 （5）更换叶片泵
3	泵高压侧不排油	（1）吸不进油，油位过低 （2）吸油过滤器被脏物堵塞 （3）叶片在转子槽内卡住 （4）轴向间隙过大，内漏严重 （5）吸油侧密封件损坏 （6）新油粘度过高，油温太低 （7）液压系统有回油情况	（1）油温太低，油粘度过高 （2）液压系统有回油情况	（1）增添新油 （2）过滤油液，清洗油箱 （3）检修叶片泵 （4）调整侧板间隙，使其达到规定值 （5）更换合格的密封件 （6）提高油温 （7）检查液压回路
4	泵排油无压力	（1）溢流阀卡死，阀质量不好，或油污染严重 （2）溢流阀的弹簧断了	（1）溢流阀从内部回油 （2）系统中有回油现象	（1）检查溢流阀 （2）阀有内部回油，检查换向阀 （3）检查调压弹簧
5	噪声过大	（1）轴颈处密封磨损，进入少量空气 （2）回油管露出油面，回油产生气体 （3）吸油过滤器被脏物堵住 （4）配油盘、定子、叶片等零件磨损 （5）当为双联泵时，高低压油腔相通 （6）噪声的原因多数是吸油不足	（1）两轴的同轴度误差超出规定值，噪声很大 （2）噪声不太大，很刺耳。油箱内有气泡或起沫 （3）有轻微噪声并有气泡的间断声音 （4）过滤器的容量较小 （5）吸油阻力过大，流速过高，吸油管径小 （6）除两轴不同轴外，就是泵吸空气造成的	（1）更换自紧油封 （2）往油箱中加合格的液压油到规定液面 （3）过滤液压油，清洗油箱 （4）检查泵，更换新件或换泵 （5）检查双联泵，更换新泵 （6）查吸油不足的原因，及时解决 （7）调整电动机、泵的两轴同轴度 （8）吸油中混有空气，检查吸油管路和接头 （9）更换大容量过滤器，加大吸油管直径

任务4 柱塞泵结构与液压泵选型

任务导读 ▪▪▪▪

叶片泵和齿轮泵受使用寿命和容积效率的影响，一般用于中、低压系统。柱塞泵是依靠柱塞在缸体内往复运动使密封容积产生变化来实现吸油和压油的，由于柱塞与缸体内孔均为圆柱表面，加工方便、配合精度高、密封性能好、容积效率高，同时柱塞处于受压状态，使材料的强度性能充分发挥，改变柱塞的工作行程就能改变泵的排量。柱塞泵具有压力高、结构紧凑、效率高、流量调节方便等优点。由于单柱塞泵只能断续供油，一般柱塞泵常由多个单柱塞组合而成，根据其排列方向不同可分为径向柱塞泵和轴向柱塞泵。

 知识准备

一、径向柱塞泵

1. 径向柱塞泵的工作原理

如图 2-18 与图 2-19 所示，当转子顺时针方向旋转时，柱塞在离心力和低压油作用下，压紧在定子内壁上。由于转子和定子间有偏心距 e，柱塞绕经上半周时向外伸出，柱塞底部的密封容积逐渐增大，形成局部真空，将油箱中的油液经衬套上的油孔，从配油轴上的油口 a 和吸油腔 b 吸油；当柱塞转到下半周时，定子内壁将柱塞向里推，柱塞底部密封容积逐渐减小，将油液从衬套上的油孔经压油腔 c 和压油口 d 向外压油。当转子回转一周时，每个柱塞底部密封容积完成一次吸油和压油。转子连续运转，即完成吸、压油工作。油液从配油轴上半部的两个油口 a 流入，从下半部两个 d 孔压出。移动定子便可以改变偏心距 e，从而改变泵的排量。

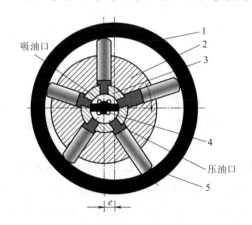

图 2-18　径向柱塞泵工作原理图
1—定子　2—转子　3—衬套　4—配油轴　5—柱塞

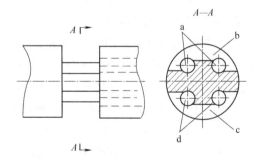

图 2-19　径向柱塞泵配油轴
a、d—油口　b—吸油腔　c—压油腔

2. 径向柱塞泵的特点

衬套紧配在转子孔内，随着转子一起旋转而配油轴不动。改变定子与转子间的偏心距和位置，可以调节流量与液流方向，径向柱塞泵可以双向变量。径向柱塞泵性能稳定，耐冲击性能好，工作可靠，但其径向尺寸大、结构较复杂、自吸能力差，且配油轴受到径向不平衡力作用，易磨损，这些限制了它的转速和压力的提高，目前有被轴向柱塞泵替代趋势。

二、轴向柱塞泵

1. 轴向柱塞泵的工作原理

轴向柱塞泵的柱塞平行于缸体轴线，其工作原理如图 2-20 所示。它主要由柱塞 2、缸体

3、配油盘4和斜盘1等零件组成。斜盘1和配油盘4固定不动，斜盘法线和缸体轴线间的夹角为γ。缸体由轴5带动旋转，缸体上均匀分布了若干个轴向柱塞孔，孔内装有柱塞2，套筒在弹簧作用下，通过压板使柱塞头部的滑履与斜盘靠牢，缸体3和配油盘4紧密接触，起密封作用。当缸体按图示方向转动时，由于斜盘和压板的作用，柱塞在缸体内作往复直线运动，各柱塞与缸体间的密封容积增大或缩小，通过配油盘的吸油窗口和压油窗口进行吸油和压油。柱塞在转角0~π（里面半周）范围内，柱塞端部的缸孔容积增大，经配油盘吸油窗口吸油，柱塞在转角π~2π（外面半周）范围内，柱塞被斜盘逐步压入缸体，柱塞端部密封容积减小，经配油盘排油窗口压油。

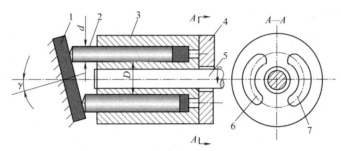

图 2-20　轴向柱塞泵工作原理图

1—斜盘　2—柱塞　3—缸体　4—配油盘　5—轴　6—吸油腔　7—压油腔

改变斜盘倾角γ的大小，就能改变柱塞的行程长度，也就改变了泵的排量。如果改变斜盘倾角方向就成为双向变量轴向柱塞泵。

2. 轴向柱塞泵的结构特点

（1）缸体与柱塞　如图 2-21 所示，缸体在泵体中间，缸体上均布若干个轴向排列的柱塞孔，柱塞与缸体孔以精密的间隙配合。柱塞一端顶在斜盘上，当泵轴和缸体旋转时，柱塞既能随缸体转动，又能在缸体孔内往复移动。

（2）缸体与配油盘　缸体右端面与配油盘采用静压接触。如图 2-22 所示，a 为压油窗口、c 为吸油窗口、外圆 d 为卸荷槽，与回油相通，两个通孔 b 和 YB 型叶片泵配油盘上的三角形槽一样，起减小冲击、降低噪声的作用。其余四个小不通孔，可以起储油、润滑作用，配油盘外圆的缺口是定位槽。缸体、配油盘与前泵体的端面间隙可以自动补偿。缸体紧压配油盘端面的作用力，除弹簧推力外，还有柱塞孔底部的液压力，此液压力比弹簧力大得多，并随泵的工作压力增大而增大。由于缸体始终受力紧贴配油盘，使端面间隙得到自动补偿，提高了柱塞泵的容积效率。

（3）回程盘、滑靴与柱塞　在斜盘式柱塞泵中，一般柱塞头部装一滑靴，如图 2-23 所示。由于斜盘固定不动，滑靴随柱塞高速转动，滑靴相对斜盘作高速运动，会产生很大磨损，为了减少磨损，采用滑靴式柱塞结构。滑靴与斜盘是平面接触，滑靴与柱塞头部是球面接触，如图 2-24 所示，柱塞头部连接图。这种结构可以降低接触应力，改善柱塞工作受力状况。柱塞旋转过程中，中心弹簧始终顶压在斜盘上，缸体另一端面顶压在配油盘端面上。如图 2-25 所示，为柱塞与滑靴结构图，缸体孔中的压力油经柱塞和滑靴中间小孔，流入柱塞头、滑靴、斜盘之间相对运动表面，对表面起润滑及静压支撑作用，降低了零件的磨损，有利于泵在高压下工作。

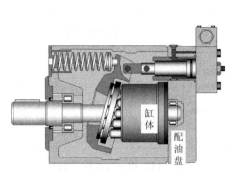

图 2-21 轴向柱塞泵结构示意图

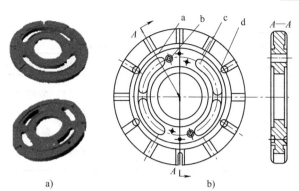

a)　　　　　　　b)

图 2-22 轴向柱塞泵配油盘

图 2-23 滑靴、斜盘和缸体连接图

图 2-24 柱塞头部连接图

图 2-25 滑靴、柱塞结构图

技能操作

活动 1 观察分析柱塞泵

1）柱塞泵主体部分有_____处配合，配合的部位是_____。

2）轴向柱塞泵属于双向变量泵，因为改变_____的倾角和方向，就可以改变密封容积变化的大小和液体流动方向。

3）滑靴与柱塞头部的连接方式是_____，其运转灵活，效率高。

活动 2 轴向柱塞泵常见故障与排除方法（表 2-4）

表 2-4 轴向柱塞泵常见故障与排除方法

序号	故障现象	故障原因		排除故障方法
		使用中的泵	新安装调试的泵	
1	泵不正常发热	（1）油液粘度太高或粘温性能差 （2）油箱容量小 （3）泵内运动件磨损异常 （4）泵内部油液漏损严重	（1）装配不良、间隙选配不当 （2）泵和电动机两轴的同轴度超差太大造成严重发热	（1）适当降低油液的粘度 （2）增大油箱容量，或增设冷却器 （3）检修泵，减少泄漏 （4）修复更换磨损件，排除异常磨损原因

（续）

序号	故障现象	故障原因		排除故障方法
		使用中的泵	新安装调试的泵	
1	泵不正常发热	（1）油液粘度太高或粘温性能差 （2）油箱容量小 （3）泵内运动件磨损异常 （4）泵内部油液漏损严重	（1）装配不良、间隙选配不当 （2）泵和电动机两轴的同轴度超差太大造成严重发热	（5）按装配工艺进行装配，测量间隙，重新研配，达到规定的合理间隙 （6）检查同轴度是否超差过大，若过大则应及时调节
2	泵不吸油	（1）吸入管路上的过滤器堵塞 （2）液压油箱油位太低 （3）吸入管路漏气 （4）柱塞泵中心弹簧折断，使柱塞不能回程或缸体和配油盘初始密封不好 （5）泵壳体内未充满液压油并存有空气 （6）配油盘、缸体、柱塞磨损严重造成泄漏	（1）泵受不平衡径向力作用，导致缸体和配油盘之间产生楔形间隙，使高、低压腔相通 （2）泵的旋转方向不对 （3）油温过低，泵无法吸油 （4）油液粘度太高或吸程过长	（1）拆下过滤器，清洗并用压缩空气吹净 （2）增加油液至油箱标线范围内 （3）紧固吸油管各连接处，防止空气进入 （4）更换损坏的中心弹簧 （5）将泵壳体内注满油液，使泵内保持充满油液状态 （6）修复或更换磨损件 （7）使用弹性联轴器，以使泵轴不受径向力作用 （8）将泵的旋转方向改变过来 （9）加热油液，提高油温 （10）降低粘度，吸程不要超过规定值
3	压力不稳定	（1）液压油污染后有时发生压力波动 （2）刚起动时压力没有问题，使用一段时间后压力下降	刚起动时压力表发生严重波动，波动随运转时间加长逐渐减轻	（1）清洗油箱，过滤液压油，清洗系统 （2）检修液压元件，先查溢流阀再检查泵的配油盘 （3）系统内存有大量空气，可把压力表开关加点阻尼，注意不要关死
4	泵漏油	泵的间隙过大，润滑油大量进入轴承端，将低压油封冲开而发生外漏	泵出厂时，轴向间隙超过规定，油封装配时损坏	（1）先更换一个旋转轴用自紧橡胶密封圈，再检修泵 （2）若油封损坏则更换油封，若严重漏油则应找生产厂家维修或更换
5	泵无压力	（1）泵只要吸油就能排油 （2）无压力时也不一定是泵不排油，可能是压力阀出问题	（1）泵旋转方向反了，不吸油也不排油 （2）回路设计、安装不正确，压力阀油从控制阀油口回油 （3）吸油侧阀门未打开	（1）检查吸油侧 （2）检查压力阀是否被脏物堵住 （3）检查泵的旋转方向是否反了 （4）重新设计回路，正确安装各控制阀 （5）打开阀门后再起动泵

（续）

序号	故障现象	故障原因		排除故障方法
		使用中的泵	新安装调试的泵	
6	噪声过大	（1）吸油管阻力过大，过滤器部分堵塞，使吸油不足 （2）吸入管路接头漏气 （3）油箱中油液不足 （4）油的粘度过高 （5）泵的吸油腔距油箱液面大于50mm，使泵吸油不良 （6）油箱中通气孔被堵	泵轴与电动机轴的同轴度差，泵轴受径向力，转动时产生振动	（1）减小吸入管道阻力 （2）用润滑脂涂在吸油管路接头处检查，查出漏气原因，排除后再重新紧固 （3）增加油液，使液面在规定范围内 （4）降低油液粘度，更换合适的油液 （5）降低泵吸油口高度 （6）清洗油箱上的通气孔 （7）调整泵轴与电动机轴的同轴度

活动3　液压泵的性能比较

阅读表2-5中内容，回答下列问题：

1）液压系统需要流量可变化的液压泵，可以选用的泵是_____。

2）各种泵的压力范围不同，其中齿轮泵是_____，叶片泵是_____，柱塞泵是_____。

3）小型设备工况较差的液压系统可以选择_____，效率在90%以上的液压系统可以选择_____。

表2-5　液压泵的性能对比

类型＼项目	齿轮泵	定量叶片泵	变量叶片泵	轴向柱塞泵	径向柱塞泵	螺杆泵
工作压力/MPa	<20	6.3~21	≤7	20~35	10~20	<10
转速范围/r·min⁻¹	300~7000	500~4000	500~2000	600~6000	700~1800	1000~18000
容积效率	0.70~0.95	0.80~0.95	0.80~0.90	0.90~0.98	0.8~0.95	0.75~0.95
总效率	0.60~0.85	0.75~0.85	0.70~0.85	0.85~0.95	0.75~0.92	0.70~0.85
功率重量比	中等	中等	小	大	小	中等
流量脉动率	大	小	中等	中等	中等	很小
自吸特性	好	较差	较差	较差	差	好
敏感性	不敏感	敏感	敏感	敏感	敏感	不敏感
噪声	大	小	较大	大	大	很小
寿命	较短	较长	较短	长	长	很长
单位功率造价	最低	中等	较高	高	高	较高

评价反馈

填写学习效果自评表（表2-6）。

表2-6 学习效果自评表

序号	内　　容	分值	得分	备注
1	说出液压泵的种类	10		
2	说出容积泵工作的必要条件	20		
3	解释液压泵的工作压力和实际流量	10		
4	绘制三种不同液压泵的图形符号	10		
5	举例说明配油盘的作用	10		
6	说出齿轮泵效率低的主要原因	30		

项目考核

一、判断

1. 容积式液压泵输油量的大小取决于密封容积的大小。　　　（　　）

2. 外啮合齿轮泵中，轮齿不断进入啮合的一侧油腔是吸油腔。　　　（　　）

3. 单作用式叶片泵只要改变转子中心与定子中心间的偏心距和偏心方向，就能改变输出流量的大小和输油方向，成为双向变量液压泵。　　　（　　）

4. 双作用式叶片泵转子每转一周，每个密封容积完成两次吸油和两次压油。（　　）

5. 改变轴向柱塞泵斜盘的倾斜角度大小和倾斜方向，可使之成为双向变量液压泵。（　　）

6. 驱动泵的电动机所需功率应比液压泵的输出功率大。　　　（　　）

7. 液压传动系统的泄漏必然引起压力损失。　　　（　　）

8. 液压泵输出的压力和流量应等于液压缸等执行元件的工作压力和流量。（　　）

二、选择

1. 外啮合齿轮泵的特点有(　　　)。

A. 结构紧凑，流量调节方便

B. 价格低廉，工作可靠，自吸性能好

C. 噪声小，输油量均匀

D. 对油液污染不敏感，泄漏小，主要用于高压系统

2. 不能成为双向变量液压泵的是(　　　)。

A. 双作用式叶片泵 　　　　　　　　　B. 单作用式叶片泵

C. 轴向柱塞泵 　　　　　　　　　　　D. 径向柱塞泵

3. 下列液压泵中，流量脉动率最大的是(　　　)。

A. 柱塞泵 　　　　B. 单作用叶片泵 　　　　C. 齿轮泵 　　　　D. 双作用叶片泵

4. 限制齿轮泵压力提高的主要因素是(　　　)。

A. 流量脉动 　　　　B. 困油现象 　　　　C. 泄漏大 　　　　D. 径向力不平衡

5. 为减小轴向柱塞泵输油量的脉动率，其柱塞数一般为(　　　)个。

A. 5 或 6　　　　　　　B. 7 或 9　　　　　　　C. 10 或 12　　　　　　　D. 8 或 10

三、简述

1. 液压泵正常工作须具备哪四个条件？试用外啮合齿轮泵说明。

2. 比较双作用式叶片泵与单作用式叶片泵在结构和工作原理方面的异同。

3. 如何确定液压泵的输油量、工作压力和结构类型？

4. 为什么齿轮泵效率低？

5. 什么是齿轮泵的困油现象？有何危害？如何解决？

四、计算

1. 如图 2-26 所示，在液压传动系统中，已知：使溢流阀阀芯打开的压力为 2.352×10^6 Pa，液压泵的输出流量为 4.17×10^{-4} m³/s，活塞有效作用面积为 5×10^{-3} m²。若不计损失，试求下列四种情形时系统的压力及活塞的运动速度。（假定经溢流阀流回油箱的流量为 0.833×10^{-4} m³/s）

（1）负载 $F = 9800$ N。

（2）负载 $F = 14700$ N。

（3）负载 $F = 0$。

（4）负载 $F = 11760$ N。

2. 如图 2-27 所示，在液压传动系统中，已知：$F_1 = 15000$ N，$F_2 = 5000$ N，$A_1 = 5 \times 10^{-3}$ m²，$A_2 = 2.5 \times 10^{-3}$ m²，活塞 1 和 2 运动终了都由固定档铁限位，溢流阀开启压力为 3.5×10^6 Pa，不计压力损失。试确定：

（1）活塞 1 动作时，液压缸工作压力 p_1 多大？

（2）活塞 2 动作时，液压缸工作压力 p_2 多大？

（3）说明当换向阀电磁铁通电后，哪个活塞先动作？另一个活塞何时动作？溢流阀何时开启？

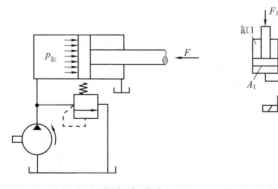

图 2-26　计算题 1 图　　　　　　图 2-27　计算题 2 图

3. 某齿轮泵额定流量 $q_n = 100$ L/min，额定压力 $p_n = 25 \times 10^5$ Pa，泵的转速 $n = 1450$ r/min，泵的机械效率 $\eta_m = 0.9$，实验测得，当泵的出口压力 $p = 0$ 时，其流量 $q_t = 107$ L/min。求：

（1）该泵的容积效率。

（2）该泵所需要的驱动功率。

项目三　液压缸结构与液压辅件

知识目标

1) 掌握液压缸的结构、特点及工作原理。
2) 了解液压辅件的结构及其应用。
3) 熟悉液压缸的密封、缓冲和排气。

技能目标

1) 能在实训室连接液压基本回路。
2) 能进行液压缸推力和运动速度的计算。
3) 能分析液压缸常见故障。

职业素养

1) 先相信你自己，然后别人才会相信你。——屠格涅夫
2) 一定要有自信的勇气，才会有工作的勇气。——鲁迅
3) 三军可夺帅也，匹夫不可夺志也。——孔丘

想一想、议一议

1) 执行装置如何将液压能转换为机械能?
2) 执行装置的转换方式有哪些?
3) 分析液压缸结构，找出有配合关系的部位。

任务1　液压缸结构与故障分析

任务导读 ▪▪▪

液压缸是液压系统中的执行元件。图3-1所示为液压缸立体图。液压缸的作用是将油液的压力能转换为运动部件的机械能，液压缸可以实现直线运动，输出推力和速度，其分类有：

图3-1　液压缸立体图

知识准备 ▪▪▪

一、认识常见的液压缸

单作用液压缸中液压力只能使活塞（或柱塞）单方向运动，反方向运动必须靠外力（如弹力或自重等）实现。双作用液压缸中活塞杆可以实现两个方向的运动。摆动缸可以实现小于360°的转动，输出转矩和角速度，如图3-2所示。

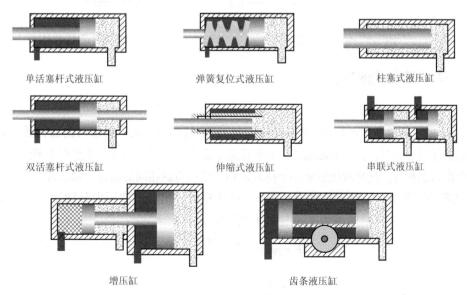

单活塞杆式液压缸　　　　弹簧复位式液压缸　　　　柱塞式液压缸

双活塞杆式液压缸　　　　伸缩式液压缸　　　　串联式液压缸

增压缸　　　　　　　齿条液压缸

图3-2　液压缸结构示意图

二、柱塞缸的结构与应用

1. 柱塞缸的结构原理

如图 3-3 所示，柱塞缸由缸筒 1、柱塞 2、导向套 3、密封圈 4 和压盖 5 等零件组成，其工作原理如图 3-4 所示。当压力为 p 的工作液体，由液压缸进油口以流量 q 进入柱塞底腔后，液体压力作用在柱塞底面上。由于液压力只能推动柱塞朝一个方向运动，故属于单作用液压缸。

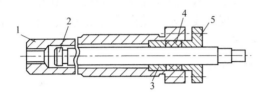

图 3-3　柱塞缸结构图　　　　　　　　　图 3-4　柱塞缸原理图

1—缸筒　2—柱塞　3—导向套　4—密封圈　5—压盖

2. 柱塞缸的应用特点

柱塞缸有单作用和双作用之分。单作用柱塞缸和单作用活塞缸的工作原理相同而结构有区别，活塞缸缸体内孔加工精度要求高，当缸体较长时加工困难，因而常采用柱塞缸。柱塞由导向套导向与缸体内壁不接触，缸体内孔不需要精加工，工艺性好，成本低。为了能输出较大的推力，柱塞一般较粗重，水平安装时易产生单边磨损，故柱塞缸宜于垂直安装使用。当其水平安装时，为防止柱塞因自重而下垂，常制成空心柱塞并设置支承套和托架。大型液压设备中，为了使工作台得到双向运动，柱塞缸常成对使用，如图 3-5 所示。其图形符号如图 3-6 所示。

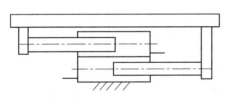

图 3-5　柱塞缸应用示意图　　　　　　图 3-6　柱塞缸的图形符号

三、认识活塞式液压缸

(一) 双杆活塞缸

图 3-7a 所示为缸筒固定方式，图 3-7b 所示为活塞杆固定方式。活塞两侧都有活塞杆伸出，当两端活塞杆直径相等，且两腔油液压力 p 和流量 q 也都相等时，活塞（或缸体）两个方向的运动速度和推力也相等。这种液压缸常用于往复运动速度和负载相同的场合，如各种磨床等。

当活塞的直径为 D，活塞杆的直径为 d，液压缸进、出油腔的压力分别为 p_1 和 p_2，输入流量为 q 时，双杆活塞缸的推力 F 和速度 v 的计算如下：

$$F = pA = p\frac{\pi\left(D^2 - d^2\right)}{4}$$

$$v = \frac{q}{A} = \frac{4q}{\pi\left(D^2 - d^2\right)}$$

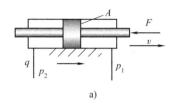 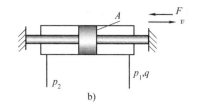

图 3-7　双杆活塞缸示意图

a）缸筒固定　b）活塞杆固定

（二）单杆活塞缸

1. 单杆活塞缸的应用特点

图 3-8 所示为单杆活塞缸实物图，由活塞、缸体、活塞杆、端盖、密封圈、缓冲装置等组成。活塞一侧有伸出杆，两腔有效工作面积不相等。因此，当供油压力和流量相同时，供油腔对于活塞在两个方向的推力和运动速度是不相等的。

2. 单杆活塞缸的计算

图 3-9 所示为单杆活塞杆工作原理图。液压油从 A 口进入并作用在活塞上，产生推力 F_1，活塞杆克服负载，活塞以速度 v_1 向前推进，同时活塞杆侧内的油液通过 B 口回油箱。相反如高压油从 B 口进入，则活塞后退，其产生的推力 F_2，活塞以速度 v_2 向后退回，活塞无杆腔的油液经过 A 口流回油箱。活塞两端有效受力面积不等，所以两个方向上的作用力和运动速度也不相等。

 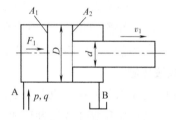

图 3-8　单杆活塞缸实物图　　图 3-9　单杆活塞缸工作原理图

1）无杆腔进油时

$$F_1 = pA_1 = p_1 \frac{\pi D^2}{4}$$

$$v_1 = \frac{q}{A_1} = \frac{4q}{\pi D^2}$$

2）有杆腔进油时

$$F_2 = pA_2 = p \frac{\pi (D^2 - d^2)}{4}$$

$$v_2 = \frac{q}{A_2} = \frac{4q}{\pi (D^2 - d^2)}$$

3）单杆活塞缸差动连接。如图 3-10 所示，单杆活塞缸无杆腔和有杆腔同时通压力油，这种连接方式称差动连接。液压缸左、右两腔的压力相等而有效工作面积不等，推力 F_3 等于活塞两端的推力差，即 $F_3 = F_1 - F_2$（F_1 为无杆腔的推力，F_2 为有杆腔的推力），活塞向

右运动。活塞所受推力与速度分别为

$$F_3 = p(A_1 - A_2) = p\frac{\pi d^2}{4}$$

$$v_3 = \frac{4q}{\pi d^2}$$

3. 活塞式液压缸图形符号

图3-11a 所示为双杆活塞缸的图形符号，图3-11b 所示为单杆活塞缸的图形符号。

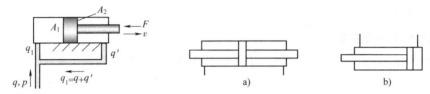

图3-10 差动连接液压缸

图3-11 活塞缸的图形符号
a）双杆活塞缸 b）单杆活塞缸

四、认识其他形式的液压缸

1. 伸缩式液压缸

以下简称伸缩缸。如图3-12 所示，前一级的活塞与后一级的缸筒连为一体，活塞伸出的顺序是先大后小，相应的推力也是由大到小，而伸出时的速度是由慢到快，活塞缩回的顺序一般是先小后大，而缩回的速度是由快到慢。伸缩缸活塞杆伸出的行程大，而收缩后结构尺寸小，适用于起重运输车等占空间小的机械。例如，起重机伸缩臂缸、自卸汽车举升缸等。

2. 摆动式液压缸

摆动式液压缸（以下简称摆动缸）用于将油液的压力能转换为叶片及输出轴往复摆动的机械能。它有单叶片和双叶片两种形式。图3-13 所示摆动缸由缸体1、叶片2、定子块3、摆动输出轴4、两端支承盘及端盖等零件组成。定子块固定在缸体上，叶片与输出轴连为一体。当两油口交替通入压力油时，叶片即带动输出轴作往复摆动。单叶片缸的摆动角一般不超过280°。摆动缸常用于机床的送料装置、间歇进给机构、回转夹具、工业机器人手臂和手腕的回转装置及工程机械的回转机构等液压系统中。

图3-12 伸缩缸结构示意图

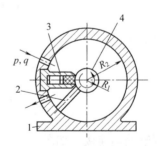

图3-13 摆动缸
1—缸体 2—叶片 3—定子块 4—摆动输出轴

3. 增压式液压缸

增压式液压缸（以下简称增压缸）能将输入的低压油转变为高压油，供液压系统中的某一支路使用。它由大、小直径分别为 D 和 d 的复合缸筒及有特殊结构的复合活塞等元件组成，如图 3-14 所示。增压缸只能将高压端输出油通入其他液压缸以获取大的推力，其本身不能直接作为执行元件，安装时应尽量使它靠近执行元件。增压缸常用于压铸机、造型机等设备的液压系统中。

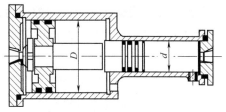

图 3-14　增压缸

🛢 技能操作▰▰▰

活动 1　分析单杆活塞缸 "快进→工进→快退" 的工作循环

如图 3-15 所示，常需要单杆活塞缸有多种运动速度，通过控制阀来改变单杆活塞缸的油路连接。已知活塞直径 D、活塞杆直径 d、流量 q、压力 p，各级速度计算方法：

1）快进速度为_____。

2）工进速度为_____。

3）快退速度为_____。

4）三种速度的关系是_____。

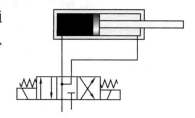

图 3-15　单杆活塞缸应用

活动 2　观察实训室内各类液压缸

1）液压缸的缸体与端盖的连接方式如图 3-16 所示，分析四种连接方式的适用场合。

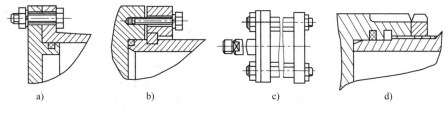

　　a)　　　　　　　　　b)　　　　　　　　　c)　　　　　　　　　d)

图 3-16　液压缸的缸体与端盖的连接

2）活塞式液压缸有多处配合，主要的配合部位有_____和_____等。

活动 3　讨论液压缸的结构特点

1）液压缸的缓冲装置有三种，即环状间隙式缓冲装置、可变节流式缓冲装置和可调节流式缓冲装置。叙述图 3-17 所示的可调式缓冲装置的工作过程：_____。

2）观察液压缸的排气装置，叙述排气方法：_____。

3）分析液压缸的密封装置：液压缸一般不允许外泄漏，其内泄漏也应尽可能小。液压缸的密封主要指活塞与活塞杆处的动密封和缸体与缸盖等处的静密封。图 3-18 所示为间隙密封示意图，观察活塞上的间隙密封，说出间隙密封的作用：_____。图 3-19 所示为密封圈密封示意图，说出密封圈的常见类型：_____。

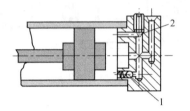 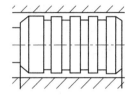 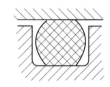

　　图 3-17　可调式缓冲装置　　　图 3-18　间隙密封示意图　　图 3-19　密封圈密封示意图

活动 4　液压缸的常见故障及其排除（表 3-1）

表 3-1　液压缸的常见故障及其排除

序号	故障现象	故障原因	排除故障方法
1	爬行	（1）液压缸内有空气混入 （2）运动密封件装配过紧 （3）活塞杆与活塞不同轴，活塞杆不直 （4）导向套与缸筒不同轴 （5）液压缸安装不良，其中心线与导轨不平行 （6）缸筒内壁锈蚀、拉毛 （7）活塞杆两端螺母拧得过紧，使同轴度降低 （8）活塞杆刚性差	（1）设置排气装置或开动系统强迫排气 （2）调整密封圈，使之松紧适当 （3）校正、修正或更换 （4）修正调整 （5）重新安装 （6）去除锈蚀、毛刺或重新镗缸 （7）略松螺母，使活塞杆处于自然状态 （8）加大活塞杆直径
2	动作不灵敏	（1）动作不灵敏，有阻滞现象 （2）液压泵运转不规律现象 （3）缓冲缸反向起动时，单向阀孔口小，引起活塞短暂停止或倒退现象 （4）活塞运动速度大时，单向阀堵塞阀孔，导致动作不规律 （5）软管内壁剥离，使油路时通时闭，造成液压缸动作不规律	（1）液压缸中空气太多，通过排气阀排气，或检查活塞杆与缸体密封圈，有问题则更换密封圈 （2）振动噪声大，泵转有阻滞，轻度咬死现象 （3）加大单向阀孔口 （4）流量过大时用带导向肩的锥阀结构 （5）更换橡胶软管
3	速度推力不够	（1）液压泵油量不足，液压缸进油路泄漏 （2）液压缸内外泄漏严重，当运动速度随行程位置有下降时，是由于缸内别劲阻力增大所致 （3）回油路上管道阻力增大，溢流阀溢流量增加 （4）液压缸内部油路堵塞和阻尼 （5）溢流阀调定压力过低，或溢流阀调节不灵 （6）反向回程起动时，有效工作面积过小而推不动	（1）排除管道泄漏，检查溢流阀密封情况，如密封不好则油液自动回油箱 （2）提高零件加工质量和装配质量 （3）回油管路不能太细，减少管路弯曲，背压不能太高 （4）拆卸清洗 （5）调高溢流阀的压力，排除溢流阀故障 （6）增加有效工作面积

（续）

序号	故障现象	故障原因	排除故障方法
4	缸不动作	（1）执行运动部件阻力太大 （2）进油口油液压力太低，达不到规定值 （3）油液未进入液压缸 （4）滑动部位配合过紧，密封摩擦力过大 （5）油液压力不能作用在活塞有效面积上，或起动时有效面积过小 （6）横向载荷过大，受力方向有误或缸咬死 （7）液压缸的背压太大	（1）检查排除运动机构的卡死等情况，检查并改进运动部件导轨的接触与润滑 （2）检查有关油路系统的各处泄漏并排除 （3）检查油管、油路、接头是否堵塞 （4）用V形密封圈时，调整密封摩擦力到适中程度，活塞杆与导向套采用小间隙配合，按照设计要求选配 （5）检查并调整液压缸使其与负载运动方向一致，尽量不要产生偏心现象 （6）调低背压力

任务2 液压辅件与回路连接

任务导读

液压系统中的辅件包括：管路、接头、过滤器、仪表、密封装置、蓄能器、油箱等。图3-20a 所示为油箱、压力表等，图3-20b 所示为管接头。液压辅件的正确选择和使用，对设备性能及寿命产生直接影响，目前辅助装置已标准化和系列化。

a)

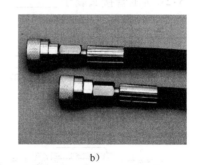
b)

图3-20 液压辅件结构图
a）油箱、压力表等 b）管接头

技能操作

活动1 管路的结构与选用

在液压系统中用油管将液压元件连接起来。常用的有钢管、纯铜管、橡胶软管、尼龙管、塑料管等。

（1）钢管　钢管分为焊接钢管和无缝钢管，压力_____时，可用焊接钢管；压力_____时，常用冷拔无缝钢管。钢管优点是刚性好、价格低廉，缺点是弯曲和装配较困难，需要专用的工具，常用于中、高压系统中装配部位限制少的场合。

（2）纯铜管　可以承受6.5~10MPa的压力，根据需要较容易弯成_____，且不必用专门工具。适用于小型中、低压设备的液压系统中，特别是装配不便处。缺点是价格高，抗振能力较弱，油液容易氧化。

（3）橡胶软管　橡胶软管用于_____的连接管，分高压和低压两种。橡胶软管安装方便，不怕振动并能吸收部分液压冲击。

活动2　管接头的结构与选用

管接头是管路与管路、管路与液压元件之间可拆卸的连接件，如图3-21所示。接头应满足连接牢固、密封可靠、液阻小、结构紧凑、拆装方便等要求。管接头种类很多，按接头的通路方向分为直通、直角、三通、四通、铰接等形式；按其与管子的连接方式分为管端扩口式、卡套式、焊接式、扣压式等。管接头与机体的连接常用圆锥螺纹和普通细牙螺纹。用圆锥螺纹连接时，应外加防漏填料；用普通细牙螺纹连接时，应采用组合密封垫。图3-22所示为常见管接头结构图，结合实物回答问题。

图3-21　管接头

1）图3-21所示管接头属于_____接头。

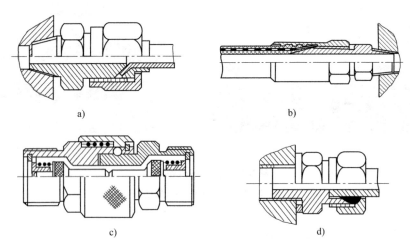

a) b) c) d)

图3-22　常见管接头结构图

a）扩口式接头　b）扣压式软管接头　c）快换接头　d）卡套式接头

2）_____接头管端扩口，适用于纯铜管、薄壁钢管、尼龙管及塑料管等中、低压管件的连接。

3）_____接头，当旋紧接头螺母时，卡套产生弹性变形而将油管夹紧。这种接头装配方便,不需要事先扩口或焊接,但对油管径向尺寸的精度要求高,需采用冷拔无缝钢管。

4)　_____接头可用于软管的连接,在装配时须剥离胶层,然后在专门的设备上扣压而成。

5)　_____接头使用方便,但结构较复杂,压力损失较大,常用于各种液压实验台及需经常断开油路的场合。

活动3　认识过滤器

液压故障有70%是由液压油污染造成的,过滤器的功用是清除油液中各种杂质,避免划伤、磨损、甚至卡死有相对运动的零件。采用高精度过滤器有效地控制粒径为 $1\sim5\mu m$ 的污染颗粒,液压泵、液压马达及液压阀使用寿命均可大大延长,液压故障也会明显减少。

1. 过滤器的过滤精度

过滤精度是指除掉杂质颗粒直径 d 的公称尺寸。按过滤精度分为四个等级:粗过滤器 $(d\geqslant100\mu m)$,普通过滤器 $(10\mu m\leqslant d<100\mu m)$,精密过滤器 $(5\mu m\leqslant d<10\mu m)$,特精过滤器 $(1\mu m\leqslant d<5\mu m)$,可参照表3-2选择。

表3-2　各种液压系统的过滤精度

系统类别	润滑系统	传动系统			伺服系统
工作压力 p/MPa	$0\sim2.5$	<14	$14\sim32$	>32	≤21
精度 d/μm	≤100	$25-30$	≤25	≤10	≤5

2. 过滤能力和过滤强度

过滤能力是指在一定压降下允许通过过滤器的最大流量。过滤器的过滤能力应大于通过它的最大流量,允许的压降一般为 $0.03\sim0.07MPa$。过滤器的滤芯及壳体应有一定的机械强度并便于清洗。

3. 过滤器的类型及应用

按滤芯材料和结构形式的不同,过滤器可分为网式、线隙式、纸芯式、烧结式过滤器及磁性过滤器等。

(1)网式过滤器　如图3-23所示,它由开有很多圆孔的金属桶构成,其过滤精度由网孔大小决定,网式过滤器结构简单,清洗方便,通油能力大,压力损失小,但过滤精度低。常用于泵的吸油管路,对油液进行粗过滤。

(2)线隙式过滤器　如图3-24所示,它由用铜线或铝线密绕在筒形芯架外部的滤芯和壳体组成。流入壳体内的油液经线缝隙流入滤芯内,再从上部孔道流出。这种过滤器的过滤精度为 $30\sim100\mu m$,常安装在压力管路上,用以保护系统中较精密或易堵塞的液压元件,其通油压力可达 $6.3\sim32MPa$。用于吸油管路上的线隙式过滤器没有外壳体,过滤精度为 $50\sim100\mu m$,压力损失为 $0.03\sim0.06MPa$,其作用是保护液压泵。线隙式过滤器过滤效果好,结构简单,机械强度高,但不易清洗。

图 3-23　网式过滤器

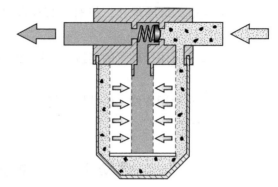

图 3-24　线隙式过滤器

（3）纸芯式过滤器　纸芯式过滤器的结构与线隙式过滤器类同，只是滤芯的材质和结构不同。它的滤芯有三层：外层为粗眼钢板网，中层为折叠成 W 形的滤纸，内层由金属丝网与滤纸折叠而成，提高了滤芯的强度，增大了滤芯的过滤面积，延长了其使用寿命。它的过滤精度可达 $5\sim30\mu m$，主要用于精密机床、数控机床等要求过滤精度高的液压系统中。

（4）磁性过滤器　磁性过滤器用于滤除油液中的铸铁末、铁屑等能磁化的杂质。当油液流过过滤器时，能磁化的杂质即被吸附于铁环上而起到过滤作用。为便于清洗，铁环分为两半，清洗时取下，清洗后再装上，能反复使用。

4. 过滤器的安装位置与图形符号

1）粗滤油器通常装在泵的_____管路上，并需浸没在油箱液面以下，保护泵及防止空气进入液压系统。此处过滤器的通油能力应大于液压泵流量的两倍以上，并需要经常进行清洗，压力损失不得超过 0.35MPa。

2）在中、低压系统的压力油管路上，常安装_____过滤器，以保护精密液压元件，防止小孔、缝隙堵塞。这样安装的过滤器应能承受油路上的工作压力和冲击压力，并应有安全阀或堵塞状态发信装置，以防止过滤器堵塞造成故障或滤芯损坏。

3）在高压系统的压力油路上安装过滤器，可将过滤器安装在_____管路上，对液压元件起间接的保护作用。为防止其堵塞应并联压力阀，该压力阀的开启压力应略低于过滤器的最大允许压差。

4）过滤器的图形符号如图 3-25 所示。

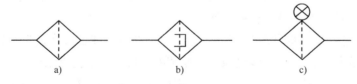

图 3-25　过滤器的图形符号

a）一般符号　b）带磁性滤芯的过滤器　c）带堵塞指示器的过滤器

活动 4　认识压力表

液压系统各部分的压力可通过压力表观测。压力表的种类很多，常用的是弹簧管式压力表。图 3-26 所示为压力表实物图。压力表的精度等级：普通精度的有 1、1.5、2.5、…级，精密的有 0.1、0.16、0.25、…级。精度等级的数值是压力表最大误差占量程（表的测量范围）的百分数。

1）压力表工作原理：图 3-27 所示为弹簧式压力表原理图。压力油进入扁截面金属弯管 1，弯管变形使其曲率半径加大，端部的位移通过杠杆 4 使齿扇 5 摆动。与齿扇 5 啮合的小齿轮带动指针 2 转动，这时即可由刻度盘 3 上读出压力值。

2）观看实训台上的压力表，读出压力表数值是_____，压力表的量程是_____。

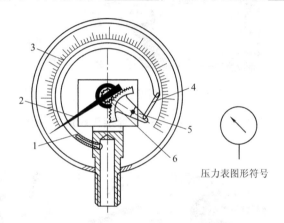

压力表图形符号

图 3-26　压力表实物图　　　　图 3-27　弹簧式压力表原理图

1—弹簧弯管　2—指针　3—刻度盘　4—杠杆　5—齿扇　6—小齿轮

活动 5　液压回路连接训练

1. 基本要求

1）熟悉液压系统图，读懂图 3-28 所示的原理图，明确图形符号所代表的液压元件名称。

2）进入实训室后，找出实训所需要的液压元件，包括：液压缸、手动换向阀、分油块、油管等。

3）根据回路图进行回路连接训练。

4）首先自检：对照回路图逐步检查元件安装位置是否正确，各接口是否连接正确和牢固，确保无泄漏现象发生。

5）指导教师检查：自检完成后，同学之间相互检查，若有疑问可要求老师进行复检，确保回路安装正确。

6）开车实训并观察实训效果。

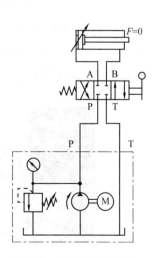

图 3-28　手动换向回路图

7）停车。

①关闭电动机的急停开关，使液压泵停止工作。

②对设备进行卸压。

③卸压完毕后关闭电源总开关。

2. 回路连接步骤

1）接管训练：观察管接头，如图 3-29 所示。接头连接实验，如图 3-30 所示。

 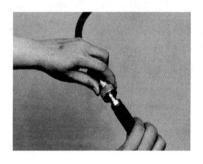

图 3-29　观察管接头　　　　　图 3-30　接头连接实验

2）油管与分油块连接：首先将管接头拉起，如图 3-31 所示。然后是将管接头推下，如图 3-32 所示。

图 3-31　将接头拉起　　　　　图 3-32　将管接头推下

3）连接进油回路：液压泵从油箱吸油然后是排油，油管从液压站出油口引出，连接到分油块的 P 口，如图 3-33 所示。注意：P 代表接液压源，T 代表接油箱。从分油块另外的 P 口连接到手动换向阀的 P 油口，再从手动换向阀的 A 口连接到液压缸 A 口，如图 3-34 所示。

图 3-33　油管连接到分油块　　　　　图 3-34　用油管连接换向阀与液压缸

4）连接回油回路：从液压缸 B 口接油管连接到换向阀 B 口，从换向阀的 T 口接油管连接到分油块的 T 口，如图 3-35 所示。从分油块另外的 T 口连接管子到液压站，如图 3-36 所示。

5）检查回路连接是否牢固。

6）接通电源，观察溢流阀处压力表。

7）扳动换向阀手柄，观察液压缸运动情况。

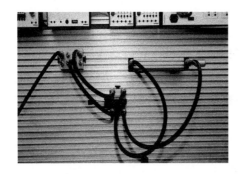

图 3-35　接通回油路

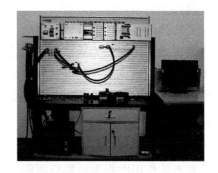

图 3-36　连接液压站

评价反馈

填写学习效果自评表（表 3-3）。

表 3-3　学习效果自评表

序号	内　　容	分值	得分	备注
1	说出常见液压缸的种类	15		
2	绘制活塞式液压缸的图形符号	15		
3	指出液压辅件包括的元件	20		
4	会读出压力表显示数值	10		
5	说出过滤器的种类与作用	20		
6	指出液压缸的密封部位与密封方法	20		

项目考核

一、判断

1. 空心双活塞杆液压缸活塞杆固定不动，工作台往复运动的范围约为有效行程的 3 倍。
（　　）

2. 双作用单活塞杆液压缸的活塞，两个方向所获得的推力不相等。工作台慢速运动时，活塞获得的推力小；工作台快速运动时，活塞获得的推力大。（　　）

3. 在尺寸较小、压力较低、运动速度较高的场合，液压缸的密封可采用间隙密封方法。
（　　）

4. 液压传动中，作用在活塞上的推力越大，活塞运动的速度越快。（　　）

5. 液压缸推动外负载的能力，取决于油液压力的大小和活塞面积的大小。（　　）

6. 液压缸的进、出油口通常设在缸的底部。　　　　　　　　　　　　　（　　）

7. 液压缸的密封主要是活塞与缸体、活塞杆与端盖之间的动密封，缸盖与缸体之间的静密封。　　　　　　　　　　　　　　　　　　　　　　　　　　　　　（　　）

8. 液压缸活塞的运动速度只取决于输入流量的大小，与压力无关。　　　　（　　）

二、选择

1. 双作用式单活塞杆液压缸（　　）。

A. 活塞两个方向的作用力相等

B. 往复运动的范围约为有效行程的 3 倍

C. 活塞有效作用面积为活塞杆面积的 2 倍时，工作台往复运动速度相等

D. 常用于实现机床的工作进给和快速退回

2. 作差动连接的单活塞杆液压缸，欲使活塞往复运动速度相同，必须满足（　　）。

A. 活塞直径为活塞杆直径的 2 倍

B. 活塞直径为活塞杆直径的 $\sqrt{2}$ 倍

C. 活塞有效作用面积为活塞杆面积的 $\sqrt{2}$ 倍

D. 活塞有效作用面积比活塞杆面积大 2 倍

3. 当液压系统中有几个负载并联时，系统压力取决于克服负载的各个压力值中的（　　）。

A. 最小值　　　　　　　　　　　　B. 额定值

C. 最大值　　　　　　　　　　　　D. 极限值

4. 活塞的有效作用面积一定时，活塞的运动速度取决于（　　）。

A. 液压缸中油液的压力　　　　　　B. 负载阻力的大小

C. 进入液压缸的油液流量　　　　　D. 液压泵的输出流量

5. 如图 3-37 所示，液压缸活塞截面积 A_1、活塞杆截面积 A_2、活塞运动速度 v 为已知。下列判断中正确的是（　　）。

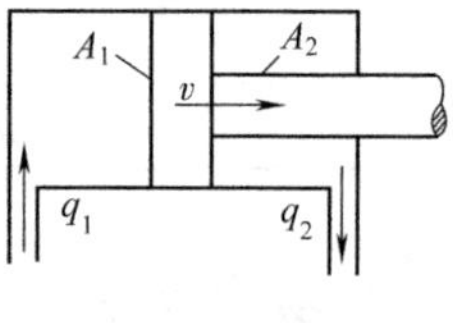

A. 进入液压缸的流量 q_1 与从液压缸排出的流量 q_2 相等，即 $q_1 = q_2$

B. 左、右两腔油液的平均流速与活塞运动速度 v 相等

C. 若进油管与回油管的有效直径相同，则进油管路与回油管路中油液的平均流速相等

图 3-37　液压缸

D. 左、右两腔油液的压力相等

6. 强度高、耐高温、抗腐蚀性强、过滤精度高的精过滤器是（　　）。

A. 网式过滤器　　　　　　　　　　B. 线隙式过滤器

C. 烧结式过滤器　　　　　　　　　D. 纸芯式过滤器

7. 过滤器的作用是（　　）。

A. 储油、散热　　　　　　　　　　B. 连接液压管路

C. 保护液压元件　　　　　　　　　D. 指示系统压力

8. 如图 3-38 所示，图（　　）是过滤器的图形符号；图（　　）是压力表的图形符号。

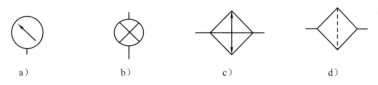

$$a）\qquad\qquad b）\qquad\qquad c）\qquad\qquad d）$$

图 3-38 图形符号

9. 差动液压缸的特点是（ ）。

A. 可提高速度和推力

B. 推力等于液压缸工作压力与活塞面积的乘积

C. 速度等于液压缸流量与活塞面积的乘积

D. 推力等于液压缸工作压力与活塞杆面积的乘积

10. 如图 3-39 所示，液压缸进油流量 q_1 与回油流量 q_2 的关系是（ ）。

A. $q_1 = q_2$ B. $q_1 > q_2$ C. $q_1 < q_2$ D. 无法确定

11. 当液压缸的流量一定时，液压缸中活塞的运动速度取决于液压缸的（ ）大小。

A. 流速   B. 压力   C. 有效工作面积   D. 功率

12. 当负载不变时，若液压缸活塞的有效工作面积增大，其所受到的压力（ ）。

A. 增大   B. 减小   C. 不变

三、计算

1. 某一系统工作阻力 $F_{阻} = 30kN$，工作压力 $p = 4 \times 10^6 Pa$，试确定双活塞杆液压缸的活塞直径 D 和活塞杆直径 d。（取 $d = 0.7D$）

2. 如图 3-40 所示，液压缸往返运动的速度相等（返回油路在图中未示出）。已知活塞直径 $D = 0.2m$，供给液压缸的流量 $q = 6 \times 10^{-4} m^3/s$（36L/min），试解答：

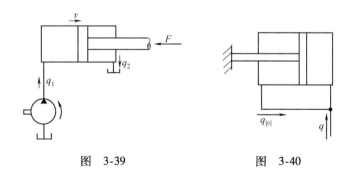

图 3-39   图 3-40

1）求运动件的速度 v，并用箭头标出其运动方向。

2）求有杆腔的排油流量 $q_{回}$。

3. 图 3-41 所示为差动连接的液压缸。若液压缸左腔有效作用面积 $A_1 = 4 \times 10^{-3} m^2$，右腔有效作用面积 $A_2 = 2 \times 10^{-3} m^2$，输入压力油的流量 $q = 4.16 \times 10^{-4} m^3/s$，压力 $p = 1 \times 10^6 Pa$。试求：

1）活塞向右运动的速度。

2）活塞可克服的阻力。

4. 图 3-42 所示为一简单液压系统。液压泵在额定流量为 $4.17 \times 10^{-4} \mathrm{m}^3/\mathrm{s}$、额定压力为 $2.5 \times 10^6 \mathrm{Pa}$ 的情况下工作，液压缸活塞面积为 $0.005\mathrm{m}^2$，活塞杆面积为 $0.001\mathrm{m}^2$，当换向阀阀芯分别处于左、中、右位置时，试求：

1）活塞运动方向和运动速度。

2）能克服的负载。

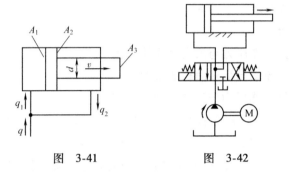

图 3-41　　　　　图 3-42

项目四 方向阀与方向控制回路

 知识目标

1) 掌握单向阀和换向阀的结构与工作原理。
2) 理解换向阀"位"与"通"的概念。
3) 熟悉换向阀的控制方式和换向阀的中位机能。
4) 掌握回路中元件的作用，具有初步识图能力。

 技能目标

1) 能指出图形符号所代表液压元件的名称。
2) 能拆装单向阀和换向阀。
3) 能判断单向阀与换向阀的故障并进行排除。
4) 能准确选取所需液压元件，并按照回路图连接系统。
5) 能对基本回路进行特性分析。

 职业素养

1) 你必须以诚待人，别人才会以诚相报。——李嘉诚
2) 对人以诚信，人不欺我，对事以诚信，事无不成。——冯玉祥
3) 不管将来什么样，永远不要丢掉真诚的品性。——马云

想一想、议一议

1) 十字路口的信号灯和交通警察的作用是什么？
2) 液压系统中为什么要有方向控制阀？
3) 操纵方向控制阀，分析阀芯与阀体如何运动。

任务 1　单向阀结构与故障排除

任务导读 ▪▪▪

方向控制阀是控制液压系统液流方向、改变液压系统中各油路通断的阀类，是液压系统中的"交通警察"。交通警察用手势与道路标记指挥着车流的行走方向，换向阀靠电磁铁通断电、扳动手柄等，使阀芯与阀体移动来切断并改变液流方向。单向阀是只允许油液单方向流动的元件，有普通单向阀和液控单向阀两种。

知识准备 ▪▪▪

一、普通单向阀

1. 普通单向阀的工作原理

图 4-1 所示为单向阀实物图，普通单向阀控制油液只能按一个方向流动，反向截止。图 4-2a 所示为普通单向阀结构示意图，当压力油从油口 P_1 流入时，油液推力克服弹簧作用在阀芯上的力，使阀芯向上移动打开阀口，从阀体右端油口 P_2 流出。当压力从 P_2 油口流入时，油液推力和弹簧力方向相同，使阀芯压紧在阀座上，阀口关闭，油液无法通过。图 4-2b 所示为单向阀的图形符号。

图 4-1　单向阀实物图

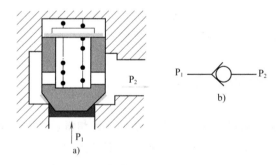

图 4-2　单向阀
a）结构示意图　b）图形符号

2. 普通单向阀的结构

1）图 4-3 所示为直通式单向阀，它由阀体 1、阀芯 2 和弹簧 3 等零件组成。直通式单向阀中，液流方向与阀体轴线方向相同，此类阀的油口可通过管接头与油管相连，阀体的重量靠管路支承，因此阀的体积不能太大，重量不能太重。

2）图 4-4 所示为板式单向阀，阀体用螺钉固定在机体上，阀体的平面和机体的平面紧密贴合，阀体上各油孔分别和机体上相对应的孔对接，用 O 形密封圈使其密封。直角式单向阀进、出油口 P_1 与 P_2 的轴线均和阀体轴线垂直。

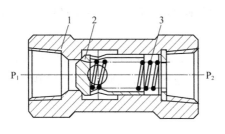

图 4-3　直通式单向阀

1—阀体　2—阀芯　3—弹簧

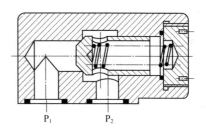

图 4-4　板式单向阀

3）单向阀与其他阀组合构成组合阀。单向阀和节流阀组合构成单向节流阀，如图 4-5 所示。图 4-5a 所示为单向节流阀实物图，图 4-5b 所示为单向节流阀图形符号。还有单向顺序阀、单向减压阀等。在单向节流阀中，单向阀和节流阀共用一阀体，当液流沿箭头方向流动时，因单向阀关闭，液流只能经过节流阀从阀体流出。当

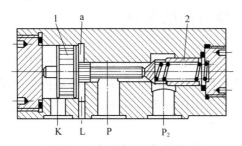

a)　　　　　　b)

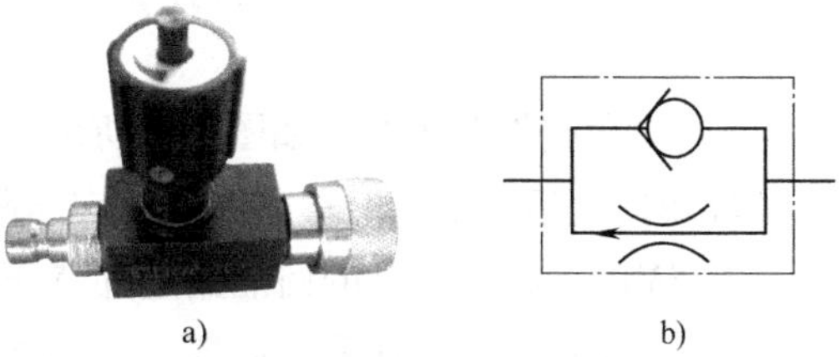

图 4-5　单向节流阀实物图与图形符号

液流沿箭头所示相反的方向流动时，因单向阀的阻力远比节流阀小，所以液流经过单向阀流出阀体。单向节流阀常用在调速回路，可以改变液压缸的运动速度。

二、液控单向阀

1. 液控单向阀的工作原理

如图 4-6 所示，液控单向阀与普通单向阀相比，在结构上增加了控制油腔 a、控制活塞 1 及控制油口 K，当控制油口通过一定的压力油时，推动活塞 1 使锥阀芯 2 移动，阀保持开启状态。单向阀也可以反方向通过油液。为了减小控制活塞移动的阻力，控制活塞制成台阶状并设一外泄油口 L。控制油的压力不应低于油路压力的 30% ～50%。液控单向阀的图形符号如图 4-7 所示。

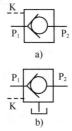

图 4-6　液控单向阀结构与职能符号

1—控制活塞　2—锥阀芯　a—控制油腔

图 4-7　液控单向阀的图形符号

a）内泄式　b）外泄式

2. 液控单向阀的结构

1）简式内泄型液控单向阀，此类阀不带卸荷阀芯，无专门的泄油口，图形符号如图 4-7a 所示。

2）简式外泄型液控单向阀，此类阀不带卸荷阀芯，有专门的泄油口，外泄油口通油箱，如图4-7b所示。可用于较高压力系统。

3）带卸荷阀芯的液控单向阀，用较低的控制油压即可控制较高油压的主油路，此阀适用于反向压力很高的场合。油压机的液压系统常采用这种有卸荷阀芯的液控单向阀使主缸卸压后再反向退回。

技能操作

活动1　普通单向阀的用途

1）单向阀作背压阀　如图4-8所示，高压油进入缸无杆腔，活塞右行，有杆腔中的低压油经单向阀后回油箱。单向阀有一定压降，此压力是有杆腔中的压力，其数值不高，一般约为0.5MPa。在液压缸的回油路上加背压阀，作用是：＿＿＿＿＿＿＿＿＿＿＿。

2）用单向阀将系统和泵隔断　如图4-9所示，用单向阀3将系统和泵隔断，泵开机时排出的油液可经单向阀3进入系统。泵停机时单向阀3的作用是：＿＿＿＿＿＿＿＿＿＿＿。

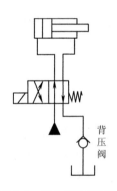

图4-8　单向阀作背压阀

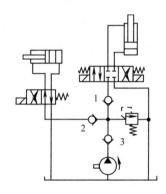

图4-9　单向阀阻断系统

活动2　液控单向阀的用途

1）如图4-10所示，通过液控单向阀向立式液压缸下腔供油，活塞上行。停止供油时，因有液控单向阀，活塞靠自重＿＿＿＿＿＿，活塞可在任何位置上悬浮。将液控单向阀的控制口加压后，活塞＿＿＿＿＿＿下行。若立式缸下行为工作行程，可同时往缸的上腔和液控单向阀的控制口＿＿＿＿＿＿，则活塞下行完成工作行程。

2）如图4-11所示，此回路称为锁紧回路。两个液控单向阀配合使用称为液压锁。液控单向阀具有良好的单向密封性，常用于执行元件需要长时间保压、锁紧的情况，用两个液控单向阀使液压缸双向闭锁。解释双向锁紧的工作原理：＿＿＿＿＿＿＿＿＿＿＿。

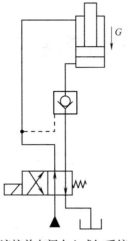

图 4-10　液控单向阀在立式缸系统中的应用

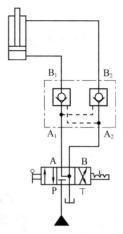

图 4-11　液控单向阀使缸闭锁

活动3　普通单向阀常见故障及其排除（表4-1）

表 4-1　普通单向阀常见故障及其排除

故障现象	故障原因	排除故障方法
向外泄漏	（1）管式单向阀的泄漏多发生在螺纹联接处，因螺纹配合不好或螺纹接头未拧紧 （2）板式单向阀主要发生在安装面及螺塞处 （3）阀体有气孔、砂眼等，被压力油冲击造成外漏	（1）要加密封圈和密封垫等，螺纹部位要缠绕塑料胶带密封 （2）检查结合面上的密封圈是否破裂或漏装，安装螺钉是否压紧等
有内漏	（1）阀座与阀芯接触面上有损伤，彼此不能密封 （2）阀芯锥面与其外圆柱面不同心 （3）阀座孔与阀芯孔同轴度超差，或阀座压入阀体孔时压歪，阀芯外圆与阀体孔配合间隙太大 （4）油液不干净，导致阀芯锥面与阀座锥面不能密封 （5）出口压力低，弹簧折断或漏装，不能牢靠地压在阀座上密封	（1）修磨受损零件表面 （2）对同心度与同轴度进行修正调整 （3）应清洗单向阀零件或更换油液 （4）更换钢球，调整接触位置
不起单向阀的作用	（1）单向阀阀芯卡死在打开位置时，反向油液也可以流动。当阀芯卡死在关闭位置时，正向油液反而不能流动 （2）阀芯与阀体因配合间隙过小、油温上升引起阀孔变形、阀安装时螺钉压得过紧，阀孔变形使阀芯卡死在打开或关闭位置 （3）污物进入阀体孔与阀芯配合间隙内，卡死阀芯，导致不能开关 （4）漏装了弹簧或弹簧折断，可以补装或更换 （5）阀体与阀芯不同心，使阀芯即使关闭，油液也可从偏心处通过 （6）阀芯外圆柱面与阀体孔因磨损间隙太大，造成阀芯移动，偏离轴线而不起单向阀作用	（1）应去掉毛刺，抛光阀芯 （2）可以适当研配阀芯，消除因油温和过度压紧造成的阀芯卡死现象 （3）检查阀孔与阀芯的几何精度 （4）可补装弹簧或更换弹簧 （5）须修正使其同心 （6）重新修配阀芯

任务2 换向阀结构与故障排除

任务导读

换向阀结构简单紧凑、动作灵敏、使用可靠、调整方便、密封性能好、通油压力损失小、便于安装和维护。图4-12所示为电磁换向阀实物图。图4-13所示为电磁换向阀实物半剖结构。

a)

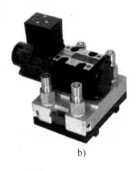
b)

图4-12 电磁换向阀实物图

a）手动换向阀 b）单向电磁换向阀

图4-13 电磁换向阀实物半剖结构

知识准备

一、换向阀的种类

换向阀应用广泛，种类很多，一般按照如下方法分类：

换向阀分类
- 按阀芯运动方式：滑阀、锥阀、转阀
- 按阀通路数分：二通、三通、四通、五通
- 按阀工作位置分：二位、三位、四位
- 按阀操纵方式分：手动、机动、电动、液动、电液动
- 按阀安装方式分：板式、管式、法兰式

二、换向阀的结构原理

换向阀是利用阀芯相对阀体运动，使与阀体相连的几个油路之间接通或断开，以改变油路方向，使液压执行元件起动、停止或变换运动方向。图4-14所示为手动换向阀的换向原理图。图4-15a所示为弹簧复位式手动换向阀的图形符号，图4-15b所示为定位销式手动换向阀的图形符号。

（1）阀芯 如图4-16a所示，阀芯是阶梯式圆柱体，阀芯节流槽是在阀芯中间挖出一个环形槽形成的，阀芯在阀体孔里作轴向运动。圆柱形阀芯有利于将阀芯上的轴向与径向力平衡，减小阀芯的驱动力。

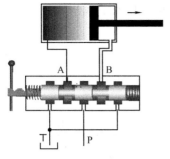

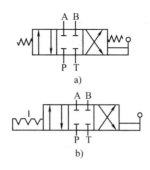

图 4-14 换向阀工作原理图 图 4-15 手动换向阀图形符号

（2）阀体 如图 4-16b 所示，在阀体内表面挖切出阶梯槽，阀体的节流边是在阀体孔中挖一个环形槽后形成的。

（3）阀芯与阀体装配 如图 4-16c 所示，阀芯环形槽与阀体环形槽相配合可形成一个可变节流口，依靠阀芯在阀孔中位置不同，使油路接通或关闭。

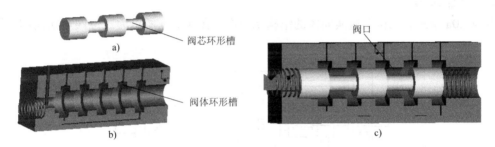

图 4-16 换向阀阀体与阀芯

三、常用换向阀的结构特点

1. 二位二通换向阀

图 4-17 所示为二位二通换向阀的结构示意图。图 4-18 所示为二位二通换向阀的图形符号，O 型为常开式，H 型为常闭式。

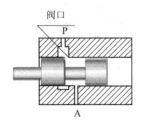

图 4-17 二位二通换向阀的结构示意图

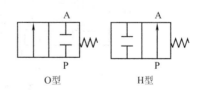

图 4-18 二位二通换向阀的图形符号
a）O 型 b）H 型

2. 二位三通换向阀

如图 4-19a 所示，二位三通换向阀可以使一些油路接通而使另一些油路关闭。二位三通换向阀需要有三个通道，在阀芯和阀体上开出三个环形槽，让 P、O、A 口分别与三个环形槽相通，并且受控压力口 A 要放在 P 口和 O 口的中间，以便于 A 口能分别与 P 口和 O 口接通。图 4-19b 所示为二位三通换向阀的图形符号。

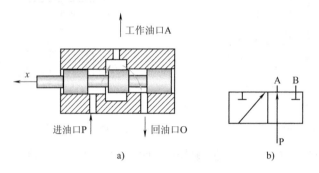

图 4-19　二位三通换向阀
a) 结构示意图　b) 图形符号

3. 二位四通换向阀

图 4-20a 所示为二位四通换向阀的结构示意图，图 4-20b 所示为二位四通换向阀的图形符号。

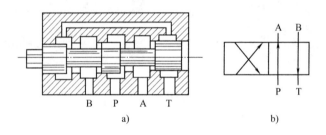

图 4-20　二位四通换向阀
a) 结构示意图　b) 图形符号

4. 三位四通换向阀

图 4-21a 所示为三位四通换向阀的结构示意图，图 4-21b 所示为三位四通换向阀的图形符号。

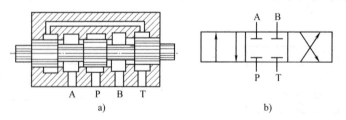

图 4-21　三位四通换向阀
a) 结构示意图　b) 图形符号

5. 三位五通换向阀

图 4-22a 所示的三位五通换向阀有 T_1、A、P、B、T_2 5 个通道，阀芯和阀体应共有 5 个环形槽。将 A、B 通道布置在阀体环形槽中，将 T_1、P、T_2 布置在阀芯环形槽中。受控压力口 A、B 要放在 T_1、P 和 T_2 的中间，以便于 A 口能分别与 T_1 口和 P 口接通，B 口能分别与

P 口和 T_2 口接通。三位四通换向阀从内部 T 口相通，而三位五通换向阀外接两个油口与油箱连通。图 4-22b 所示为三位五通换向阀的图形符号。

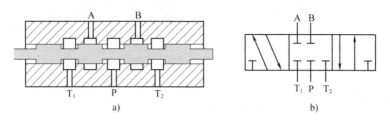

图 4-22　三位五通换向阀

a）结构示意图　b）图形符号

四、换向阀图形符号的有关规定

1. 换向阀的"位"与"通"

换向阀按阀芯的工作位置数分有二位和三位等，按油路进、出油口的数目分为二通、三通、四通和五通等，图形符号表达方法是在方框内用箭头表示油口数目和通道方向。

1）换向阀符号由若干连接在一起并排成一行的方框组成，每一方框表示换向阀阀芯对阀体的一个工作位置。如图 4-14 所示，阀芯用手柄操纵，有左位、中位和右位三个位置，方框数就有三个。

2）每一方框内箭头或符号"⊥"与方框的交点数为油口的通路数。

3）箭头表示两油口连通，不表示流向。"⊥"或"⊤"表示此口不通，通路被阀芯堵死。

4）P 表示压力油的进口，T 表示与油箱连通的回油口，A 和 B 表示连接其他工作油路的油口。

5）三位换向阀的中位及二位换向阀侧面画有弹簧的那一方格为常态位。在液压原理图中，换向阀的图形符号与油路连接应画在常态位上。二位二通换向阀有常开型和常闭型，应注意区别。

2. 换向阀的操纵方式

控制方式和复位弹簧的符号应画在方格的两端，常见的换向阀的操纵方式如图 4-23 所示。

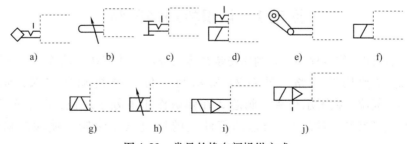

图 4-23　常见的换向阀操纵方式

a）带有分离把手和定位销　b）具有可调行程限制装置的顶杆　c）带有定位装置的推或拉

d）手动锁定　e）滚轮杠杆　f）单作用电磁铁　g）双作用电气控制　h）单作用电磁铁，连续控制

i）电气控制，气动先导　j）电气控制，液压先导

3. 三位换向阀的中位机能（表4-2）

表4-2　三位换向阀的中位机能

机能型式	结构简图	中间位置符号		机能特性和作用
		三位四通	三位五通	
O	A B / T P	A B / P T	A B / T₁ P T₂	换向精度高，但有冲击，缸被锁紧，泵不卸荷，并联缸可运动
H	A B / T P	A B / P T	A B / T₁ P T₂	换向平稳，但冲击大，缸浮动，泵卸荷，其他缸不能并联使用
Y	A B / T P	A B / P T	A B / T₁ P T₂	换向较平稳，冲击较大，缸浮动，泵不卸荷，并联缸可运动
P	A B / T P	A B / P T	A B / T₁ P T₂	换向最平稳，冲击较小，可实现液压缸差动连接，并联缸可运动
M	A B / T P	A B / P T	A B / T₁ P T₂	换向精度高，但有冲击，缸被锁紧，泵卸荷，其他缸不能并联使用

技能操作

活动1　认识机动换向阀

1）机动换向阀又称行程阀。它利用安装在运动部件上的挡块或凸轮，压下阀芯端部的滚轮，使阀芯移动切换油路。图4-24所示为二位二通机动换向阀，此换向阀用_____复位。在图示位置，阀芯2在弹簧作用下处于左位，P与A不连通属于_____（常开、常闭），当运动部件上的挡块压住滚轮1使阀芯移至右位时，_____连通。

2）机动换向阀结构简单，换向时阀口逐渐关闭或打开，换向平稳、可靠、位置精度高。常用于控制运动部件的_____或快慢速度的转换。其缺点是必须安装在运动部件附近，一般油管较长。

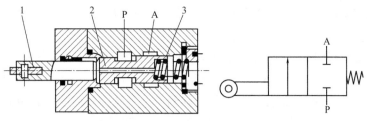

图 4-24 二位二通机动换向阀

1—滚轮 2—阀芯 3—弹簧

活动 2 认识电磁换向阀

电磁换向阀是利用电磁铁的吸力控制阀芯换位的换向阀。它操作方便，布局灵活，有利于提高设备的自动化程度。

1）绘制图 4-25 所示电磁换向阀的图形符号。

2）换向阀两端各有一个电磁铁和一个对中弹簧。当两边电磁铁都不通电时，阀芯在两边对中弹簧作用下处于_____位，P、T、A、B 口互不相通。如图 4-25a 所示，当右边电磁铁通电时，推杆将阀芯推向左端，_____通，_____通。如图 4-25b 所示，当左边电磁铁通电时，推杆将阀芯推向右端，_____通，_____通。

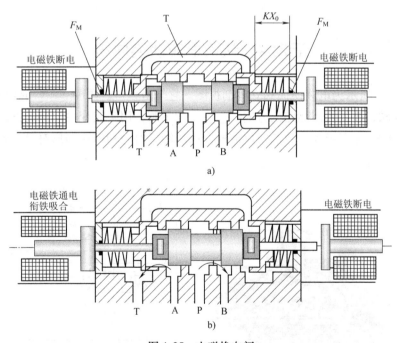

图 4-25 电磁换向阀

活动 3 认识液动换向阀

1）利用控制油路的压力油推动阀芯改变位置的阀，称为液动换向阀。图 4-26a 所示为液控换向阀的结构简图。指出图4-26b与图4-26c所示图形符号所代表的液动换向阀的异同点：_____。

2）当液控换向阀两端控制油口 K_1 和 K_2 均不通入压力油时，阀芯在_____作用下处于中位；当 K_1 进压力油而 K_2 接油箱时，阀芯移到_____端，其通油状态为 P→A，B→T。当 K_2 进压力油而 K_1 接油箱时，阀芯移到_____端，其通油状态为 P→B，A→T。在滑阀两端 K_1、K_2 控制油路中加装阻尼调节器，调节阻尼器节流口大小即可调整_____。按阀芯的对中形式不同，液动换向阀分为弹簧对中型和液压对中型两种。

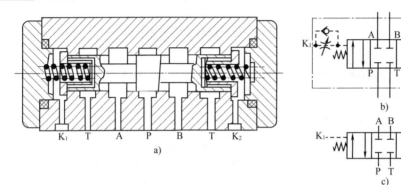

图4-26 液动换向阀

a）结构简图 b）图形符号 c）简化图形符号

活动4 认识电液动换向阀

1）图4-27a所示为电液换向阀立体剖视图。它是由_____阀和_____阀组成的复合阀。_____作先导阀，改变控制油路的方向。_____为主阀，用来改变主油路的方向。

2）图4-27b、c所示为三位四通电液换向阀的图形符号和简化图形符号。叙述电液换向阀换向的工作过程：_____。

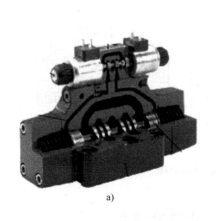
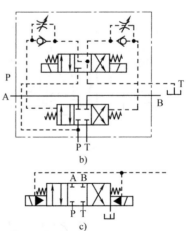

图4-27 电液动换向阀

a）立体剖视图 b）图形符号 c）简化图形符号

3）若在液动换向阀的两端盖处加调节螺钉，则可调节液动换向阀阀芯移动的行程和各主阀口的开度，从而改变通过主阀的_____，对执行元件起速度调节作用。

活动5　换向阀的拆装训练

1. 电磁换向阀的拆卸

记录换向阀在阀座上的安装位置及工位方向，将换向阀放到工作台上。

1）卸下电磁铁端部的紧固螺母，取下电磁铁。

2）卸下衔铁套，取出挡圈和阀芯。

3）检查密封圈。

2. 观察分析

1）观察直流电磁换向阀与交流电磁换向阀的外形特征，分析其外形不同的原因。

2）将阀拆开，观察其主要组成零件的结构，分析每个零件的作用。

3）根据阀芯、阀孔内腔的形状和阀底面各油口的标志，讨论阀芯与各接口的相互关系。

4）观察中位机能不同的三位电磁换向阀的阀体和阀芯，分析其中位机能与阀芯结构之间的关系。

3. 组装

认真清洗各部件，按照拆卸的相反顺序进行组装，组装时在阀芯上涂抹润滑油。

活动6　换向阀的常见故障及其排除方法（表4-3）

表4-3　换向阀的常见故障及其排除方法

故障现象		故障原因	排除方法
阀芯不动或动作位置有误	滑阀卡住	（1）滑阀与阀体配合间隙小，阀芯在孔中易卡住不动作 （2）阀芯碰伤，油液被污染 （3）阀芯几何精度不够，阀芯与阀孔装配不同心，产生液压卡紧现象	（1）检查滑阀间隙情况，研修或更换阀芯 （2）修磨或重配阀芯，换油 （3）修正偏差或同轴度，检查液压卡紧情况
	液动换向阀油路故障	（1）油液控制压力不够，滑阀不动，不能换向或换向不到位 （2）节流阀关闭或堵塞 （3）滑阀两端泄油口没有接回油箱或泄油堵塞	（1）提高控制压力，检查弹簧是否过硬或更换弹簧 （2）检查、清洗节流口 （3）检查并将泄漏油管接回油箱，清洗回油管，使之畅通
	电磁铁故障	（1）交流电磁铁因滑阀卡住，铁心吸不到底面或烧毁 （2）漏磁，吸力不足 （3）电磁铁接线焊接不良，接触不好	（1）清楚滑阀卡住故障，更换电磁铁 （2）检查漏磁原因，更换电磁铁 （3）检查并重新焊接
	弹簧故障或推杆磨损	（1）弹簧折断、漏装、太软，不能使滑阀恢复中位，因而不能换向 （2）电磁换向阀的推杆磨损后长度不够，使阀芯移动不到位	（1）检查、更换或补装弹簧 （2）检查并修复推杆或更换推杆

任务3 方向控制基本回路

⚙ **任务导读** ▪▪▪

　　液压系统由若干个基本回路组成，液压回路是实现某种特定功能的液压元件的组合。例如，换向回路、调速回路、调压回路等。换向回路的作用是改变执行元件的运动方向。各种操纵方式的换向阀都可组成换向回路，只是性能和应用场合不同。图 4-28 所示为在实训台上演示换向回路，按下启动按钮可实现液压缸停止或往复移动。本任务要求能分析方向控制回路，进一步巩固回路的连接方法和回路的故障排除。

🔧 **技能操作** ▪▪▪

活动1 分析手动换向回路

　　图 4-29 所示为手动换向阀控制双杆液压缸的应用实例。读懂回路图并指出各元件名称及作用。将活塞杆运动状态及油液流动路线填入表 4-4。

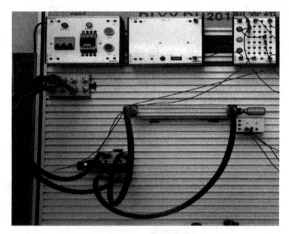

图 4-28 在实训台上演示换向回路

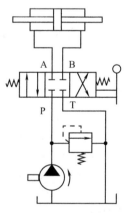

图 4-29 手动换向阀控制双杆
液压缸的应用实例

表 4-4 活塞杆运动状态及油液流动路线

手柄位置	活塞杆运动状态	油液流动路线
左位		进油路线：
		回油路线：
右位		进油路线：
		回油路线：
中位		进油路线：
		回油路线：

活动 2　设计回路并连接油路图

设计要求：设计一个小型液压升降台，升降台上升到指定高度时可以锁紧不动，下降时可靠自重缓慢下降。设计多种方案，首先在实训室用仿真软件仿真，从中选择比较合理的方案，然后在实训台上连接回路图，观察实训效果。

评价反馈

填写学习效果自评表（表4-5）。

表 4-5　学习效果自评表

序号	内　　容	分值	得分	备注
1	说出方向控制阀的种类	10		
2	指出换向阀"位"与"通"的区别	10		
3	说出换向阀的换向原理	20		
4	绘制二位二通机动换向阀、二位三通电磁换向阀、三位四通手动换向阀的图形符号	30		
5	指出电动、液动和电液动换向阀的区别	20		
6	三位换向阀的中位机能有哪些用途	10		

项目考核

一、判断

1. 单向阀的作用是控制油液的流动方向，接通或关闭油路。（　　　）

2. 滑阀为间隙密封，锥阀为线密封，后者不仅密封性能好而且开启时无死区。（　　　）

3. 单向阀可以用作背压阀。（　　　）

4. 同一规格的电磁换向阀机能不同，可靠换向的最大压力和最大流量不同。（　　　）

5. 因电磁吸力有限，对液动力较大的大流量换向阀应选用液动换向阀或电液换向阀。（　　　）

6. 所有换向阀均可用于换向回路。（　　　）

7. 闭锁回路属于方向控制回路，可采用滑阀机能为中间封闭的 O、M 型换向阀来实现。（　　　）

8. 换向阀是通过改变阀芯在阀体内的相对位置来实现换向的。（　　　）

二、选择

1. 要实现液压泵卸荷，可采用三位换向阀的(　　　)型中位滑阀机能。

A. O　　　　　　　　B. P　　　　　　　　C. M　　　　　　　　D. Y

2. 三位四通电液换向阀的液动滑阀为弹簧对中型，其先导电磁换向阀中位必须是(　　　)机能，而液动滑阀为液压对中型，其先导电磁换向阀中位必须是(　　　)机能。

A. H 型   B. M 型   C. Y 型   D. P 型

3. 为保证锁紧迅速且准确，采用了双向液压锁的汽车起重机支腿油路中的换向阀应选用( )中位机能；要求采用液控单向阀的压力机保压回路，在保压工况液压泵卸荷，其换向阀应选用( )中位机能。

A. H 型   B. M 型   C. Y 型   D. D 型

4. 对于速度大、换向频率高、定位精度要求不高的平面磨床，采用( )液压操纵箱；对于速度低、换向次数不多、而定位精度高的外圆磨床，则采用( )液压操纵箱。

A. 时间制动控制式   B. 行程制动控制式

C. 时间、行程混合控制式   D. 其他

5. 要求多路换向阀控制的多个执行元件实现两个以上执行机构的复合动作，多路换向阀的连接方式为( )；要求多个执行元件实现顺序动作，多路换向阀的连接方式为( )。

A. 串联油路   B. 并联油路   C. 串并联油路   D. 其他

6. 液控单向阀的闭锁回路比用滑阀机能为中间封闭的闭锁回路锁紧效果好，其原因是( )。

A. 液控单向阀结构简单

B. 液控单向阀具有良好的密封性

C. 换向阀闭锁回路结构复杂

D. 液控单向阀闭锁回路锁紧时，液压泵可以卸荷

7. 卸荷回路( )。

A. 可节省动力消耗，减小系统发热，延长液压泵使用寿命

B. 可使液压系统获得较低的工作压力

C. 不能用换向阀实现卸荷

D. 只能用滑阀机能为中间开启型的换向阀

8. 电磁换向阀采用的操纵方式是( )。

A. 手动   B. 电磁

C. 机动   D. 液动

三、问答题

1. 使用液控单向阀时应注意哪些问题？

2. 什么是换向阀的"位"与"通"？各油口在阀体什么位置？

3. 电液换向阀（图 4-30）有何特点？如何调节它的换向时间？

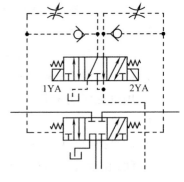

图 4-30 电液换向阀

项目五　压力阀与压力控制回路

知识目标

1）掌握压力控制阀的分类和图形符号。
2）掌握溢流阀、顺序阀、减压阀的结构和工作原理。
3）了解压力继电器的工作原理。
4）掌握压力控制回路的工作原理。
5）熟悉压力控制阀常见故障及其排除。

技能目标

1）能对溢流阀、顺序阀、减压阀进行结构和功能区分。
2）能绘制压力控制阀的图形符号。
3）能对压力控制阀常见故障进行分析并排除。
4）能熟练安装并调试压力控制回路。
5）具备解决综合问题的能力。

职业素养

1）人生应该如蜡烛一样，从顶燃到底，一直都是光明的。——萧楚女
2）短暂的激情是不值钱的，只有持久的激情才是赚钱的。——马云
3）无所事事对一个感情热烈的年轻人是很大的危险。——车尔尼雪夫斯基

想一想、议一议

1）观察压力锅，当锅加热时锅内水温升高，由于锅是密封的，锅内气压会越来越大，如何保证压力锅的使用安全？

2）操作液压实训台时，液压泵出口必须安装溢流阀，为什么？

任务1 压力阀结构与故障排除

任务导读

在液压系统中，应根据工作需要选用不同的压力控制阀：如果需要限制液压系统的最高压力，用安全阀；如果需要稳定液压系统某处的压力值，用溢流阀和减压阀；如果要利用压力信号控制动作，用顺序阀和压力继电器。用来控制和调节液压系统压力高低的阀称为压力控制阀。这类阀的共同特点是利用油液压力和弹簧力相平衡的原理。如图5-1a所示，当油液压力低于弹簧力时，阀口关闭，不溢流；如图5-1b所示，当油液压力高于弹簧力时，阀口打开，油液溢流。调节弹簧的预压缩量，便可获得不同的控制压力。本次任务是认识压力阀的结构及其回路的应用。

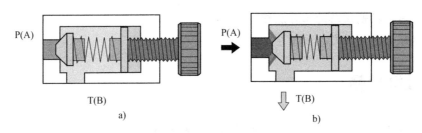

图5-1 液压力与弹簧力平衡示意图

知识准备

一、认识压力控制阀外形与图形符号（表5-1）

表5-1 压力控制阀

名称	实物图	图形符号	技术参数
溢流阀			公称通径：6mm 最大压力：16MPa 最大流量：16L/min 调节压力：3.5~14MPa
顺序阀			公称通径：6mm 最大压力：16MPa 最大流量：16/min 调节压力：1~10MPa
减压阀			公称通径：6mm 最大压力：16MPa 最大流量：16L/min 调节压力：3.5~14MPa

（续）

名称	实物图	图形符号	技术参数
压力继电器			调节范围：0~10MPa 最高压力：16MPa

二、直动式溢流阀的结构与工作原理

1. 直动式溢流阀的工作原理

直动式溢流阀是依靠压力油直接作用在阀芯上与弹簧力相平衡，来控制阀芯的启闭动作的。图 5-2 所示为直动式溢流阀立体剖视图。图 5-3 所示为直动式溢流阀结构图。原始状态时，阀芯在弹簧力的作用下处于下端位置，进、出油口隔断；当液压力等于或大于弹簧力时，阀芯上移，阀口开启，进口压力油经阀口流回油箱。图中进油口的压力油经阀芯 3 上的阻尼孔进入阀芯底部，当进油压力较小时，阀芯在弹簧 2 的作用下处于下端位置，将进油口与油箱连通的出油口隔开，即不溢流。当进油压力升高，阀芯所受的油压推力超过弹簧的压紧力时，阀芯抬起，将进油口和出油口连通，使多余的油液排回油箱，即溢流。阻尼孔的作用是减小油压的脉动，提高阀工作的平稳性。弹簧压紧力可通过调节螺母 1 调节。

2. 直动式溢流阀的结构特点

当通过溢流阀的流量发生变化时，阀口的开度也随之改变。在弹簧压紧力 F_s 调好之后，当不考虑阀芯自重和摩擦力时，认为溢流阀进口处的压力 p 基本保持定值。调节弹簧压紧力 F_s，就调节了溢流阀的工作压力。若用直动式溢流阀控制较高压力或较大流量时，需用刚度较大的硬弹簧，结构尺寸大且调节困难，油液的压力和流量波动较大。因此直动式溢流阀一般用于低压小流量系统或作为先导阀使用。

图 5-2　直动式溢流阀
立体剖视图

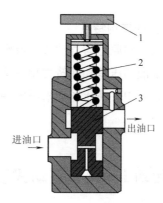

图 5-3　直动式溢流阀结构图
1—调节螺母　2—弹簧　3—阀芯

三、先导式溢流阀的结构与工作原理

图 5-4 所示为先导式溢流阀实物图。先导式溢流阀由主阀和先导阀两部分组成，先导阀是一个小规格锥阀阀芯直动式溢流阀。

1. 先导式溢流阀的工作原理

图 5-5 所示为先导式溢流阀的结构图。油液从进油口 P 进入，经阻尼孔 c 及孔道 b 到达先导阀的进油腔 a。当进油压力低于先导阀弹簧的调定压力时先导阀关闭，阀内无油液流动，主阀阀芯上、下腔油压相等，主阀弹簧压在主阀上，主阀关闭，不溢流。当进油口 P 的压力升高时，先导阀进油腔油压也升高，直到先导阀弹簧调定压力时，先导阀被打开，主阀阀芯上腔油液经先导阀阀口及阀体上的孔道 a，从回油口 T 流回油箱。主阀阀芯下腔油液则经阻尼小孔 c 流动，由于小孔阻尼大，使主阀阀芯两端产生压差，主阀阀芯在此压差作用下克服弹簧力上抬，主阀进、回油口连通，起到溢流和稳压的作用。调节先导阀的手轮 1 可调节溢流阀的工作压力。更换先导阀的弹簧，可得到不同的调压范围。

图 5-4　先导式溢流阀实物图

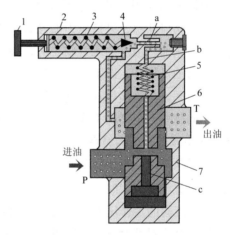

图 5-5　先导式溢流阀结构图

1—手轮　2—先导阀阀体　3—先导阀弹簧　4—先导阀阀芯
5—主阀弹簧　6—主阀阀芯　7—主阀阀体

2. 先导式溢流阀的结构特点

先导式溢流阀的结构原理与直动式溢流阀相同，弹簧刚度小，调压精度高。主阀利用平衡活塞上、下两腔油液的压差和弹簧力相平衡，主阀弹簧刚度大，调压范围大。一般低压系统用直动式溢流阀，而中、高压系统采用先导式溢流阀。

技能操作

活动 1　比较直动式溢流阀与先导式溢流阀

1）直动式溢流阀有一个阀芯和一个调压弹簧，先导式溢流阀有_____阀芯和_____弹簧。其中先导阀的作用是_____，主阀的作用是_____。

2）直动式溢流阀依靠进油口压力油作用于阀芯底部，直接与弹簧力平衡来控制溢流压力。先导式溢流阀则依靠_____来控制溢流压力。

3）无论直动式溢流阀还是先导式溢流阀，油液从溢流口回_____。

活动2　探讨溢流阀在液压系统中的应用

溢流阀在液压系统中分别起到调压溢流、安全保护、使泵卸荷及作背压阀等多种用途，见表5-2。特别是定量泵供油系统，如果没有溢流阀几乎无法工作。调节溢流阀时，先松开锁紧螺母，顺时针方向转动手轮，压力升高；逆时针方向转动手轮，压力降低；调好压力后拧紧锁紧螺母。此外还可以远程调压，当先导式溢流阀的外控口与调压较低的溢流阀连通时，其主阀阀芯上腔的油压只要达到低压阀的调整压力，主阀阀芯即可抬起溢流，其先导阀不再起调压作用，即实现远程调压。

表5-2　溢流阀的应用

应用方式	图例	应用说明
作调压阀	至系统	（1）溢流阀接在泵的出口处，保证系统压力恒定，起溢流稳压作用，称为调压阀 （2）系统用定量泵供油时，常在其进油路上设置节流阀或调速阀，使泵的油液一部分进入液压缸工作，多余油液须经溢流阀流回油箱，溢流阀处于其调定压力下的常开状态。调节弹簧的压紧力，也就调节了系统的工作压力
作安全阀	至系统	（1）溢流阀接在变量泵的出口处，用来限制系统压力的最大值，对系统起过载保护作用，称为安全阀 （2）系统采用变量泵供油时，系统多余的油液需溢流，其工作压力由负载决定。这时与泵并联的溢流阀只有在过载时才需打开，以保障系统的安全
作背压阀		（1）溢流阀接在执行元件的出口，用来保证系统运动的平稳性，称为背压阀 （2）将溢流阀设在液压缸的回油路上，可使缸的回油腔形成背压，以提高运动部件运动的平稳性

（续）

应用方式	图例	应用说明
使泵卸荷	至系统	（1）先导式溢流阀还可以在执行机构不工作时使泵卸荷 （2）采用先导式溢流阀调压的定量泵系统，当阀的外控口 K 与油箱连通时，其主阀阀芯在进口压力很低时即可迅速抬起，使泵卸荷，以减小能量损耗

活动 3　认识减压阀的结构与工作原理

减压阀是利用油液流过缝隙时产生压降的原理，使系统某一分支油路获得比系统压力低的液压控制阀。根据减压阀所控制的压力不同，可分为定压减压阀、定差减压阀和定比减压阀。这里主要介绍定压减压阀。定压减压阀能将其出口压力维持在一个定值。减压阀也有直动式减压阀和先导式减压阀两种。

（1）直动式减压阀的结构　图 5-6 所示为直动式减压阀结构示意图。当进油口油液压力低时，阀芯不动，阀口全部打开，减压阀不起减压作用，如图 5-6a 所示。当进油口 P_1 压力增大时，出油口 A 的压力_____，油液进入阀芯底部，推动阀芯右移，节流缝隙变_____，出口压力 P_2 降低到原值，如图 5-6b 所示。当当出油口压力 P_2 降低时，在弹簧的作用下阀芯左移，节流缝隙变_____，出油口 P_2 压力升到原值。总之，阀芯随出口压力的变化而移动，以保证压力恒定。减压阀压力大小由弹簧控制，通过螺钉调节。

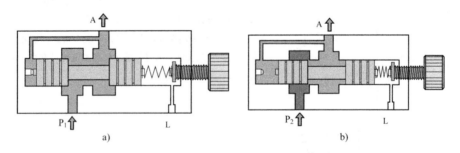

图 5-6　直动式减压阀结构示意图
a）压力低，没有减压　b）压力高，有减压

（2）先导式减压阀结构　图 5-7 所示为先导式减压阀结构示意图，它由先导阀与主阀组成。原理是利用主阀阀芯上、下两腔的压差和弹簧力相平衡。阀出口压力大小由先导阀弹簧决定，出口压力升高时，先导阀被打开，主阀阀芯上、下有压差，阀芯上移，节流口减小，压力下调。

（3）减压阀与溢流阀比较　减压阀是利用出油口压力与弹簧力平衡，而溢流阀是

_____。减压阀的进、出油口均通压力油，而溢流阀_____。减压阀泄漏油液需要单独接油箱，而溢流阀的泄漏油液_____。溢流阀阀口是常闭的，减压阀阀口是_____。

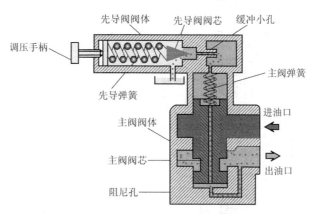

图 5-7　先导式减压阀结构示意图

活动 4　认识顺序阀的结构和工作原理

1. 顺序阀的结构与工作原理

1）顺序阀是利用油路中压力的变化控制阀口启闭，实现执行元件顺序动作的。如当一个液压泵要供油液给两个以上的液压缸，可依据液压缸压力不同而有先后动作顺序。顺序阀的结构及动作原理与溢流阀类似，不同的是顺序阀的出口直接连接执行元件，泄油口单独设置。顺序阀也有直动式和先导式两种，一般常用直动式顺序阀。

2）阅读图 5-8a 所示直动式顺序阀的装配图。主要零件有：螺堵 1、下阀盖 2、控制活塞 3、阀体 4、_____、_____、_____等零件组成。当进油口的油压低于弹簧 6 的调定压力时，控制活塞 3 下端油液向上的推力小，阀芯 5 处于最下端位置，阀口关闭，油液不能通过顺序阀流出。当进油口油压达到弹簧调定压力时阀芯 5 抬起，阀口开启，压力油从顺序阀的出口流出，使阀后的油路工作。

3）解释图 5-8b、c、d 所示图形符号的区别，说出符号名称：图 5-8b 所示为普通顺序阀，图 5-8c 所示为_____，图 5-8d 所示为_____。

2. 顺序阀与溢流阀对比

溢流阀的出油口接油箱，而顺序阀的出油口接_____。顺序阀应有良好的密封性，所以顺序阀阀芯和阀体的封油长度较溢流阀_____。顺序阀与安全阀工作状态相似，阀口属于_____型。

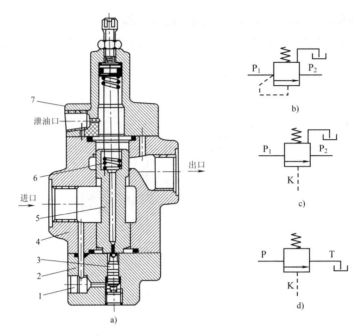

图 5-8 直动式顺序阀

1—螺堵 2—下阀盖 3—控制活塞 4—阀体 5—阀芯 6—弹簧 7—上阀盖

活动 5 压力继电器的结构和工作原理

压力继电器是一种将系统压力信号转换为电信号的转换元件。图 5-9 所示为压力继电器实物图。压力继电器按结构特点可分为柱塞式、弹簧管式、膜片式和波纹管式。图 5-10 所示为柱塞式压力继电器结构示意图。压力油作用在柱塞的下端，油液压力直接与上端弹簧力相平衡。当液压力大于或等于弹簧力时，柱塞向上移，压下微动开关触头，接通或断开电气线路，发出相应的电信号。当液压力小于弹簧力时，微动开关触头复位。压力继电器的作用是：根据系统压力_____，通过压力继电器的_____，自动接通或断开电路，使电磁铁和液压泵等电气元件运转或停止工作，实现对液压系统工作程序的控制、安全保护或动作联动等。

图5-9 压力继电器实物图

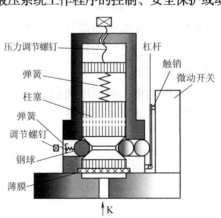

图 5-10 压力继电器结构示意图

活动6　压力阀的常见故障及其排除（表5-3）

表5-3　压力阀的常见故障及其排除

故障现象	故障原因	排除故障方法
溢流阀压力波动	（1）弹簧弯曲或弹簧刚度过低 （2）锥阀与阀座接触不良或磨损 （3）压力表不准 （4）滑阀动作不灵 （5）油液污染，阻尼孔不通畅	（1）更换弹簧 （2）更换锥阀 （3）修理或更换压力表 （4）更换滑阀或调整阀盖螺钉紧固力 （5）更换油液，清洗阻尼孔
溢流阀调压失灵	（1）调压弹簧折断 （2）滑阀阻尼孔堵塞或滑阀卡住 （3）进、出油口接反 （4）先导阀阀座孔堵塞	（1）更换弹簧 （2）清洗阻尼孔 （3）重装、拆卸、修理，调整阀盖螺钉紧固力 （4）更换油液，清洗座孔
溢流阀振动、噪声严重	（1）调压弹簧变形，不复原 （2）回油路有空气进入 （3）流量超值 （4）油温过高，回油阻力过大	（1）检查或更换弹簧 （2）紧固油路接头 （3）调整 （4）控制油温，回油阻力降至0.5MPa以下
减压阀不起作用	（1）泄油口的螺塞未拧出 （2）滑阀卡死 （3）阻尼孔堵塞	（1）拧出螺塞，接上滤管 （2）清洗或重配滑阀 （3）清洗阻尼孔，检查油液清洁度
减压阀二次调压不稳定并与调定压力不符	（1）油箱液面低于回油管口，油中混入空气，泄漏，锥阀与阀座配合不严 （2）主阀弹簧太软、变形或在滑阀中卡住，使阀移动困难	（1）补油、更换弹簧 （2）检查密封，拧紧螺钉 （3）更换锥阀
顺序阀动作压力与调定压力不符	（1）调压弹簧不当 （2）调压弹簧变形，最高压力调不上去 （3）滑阀卡死	（1）反复转动手柄，调到所需压力 （2）更换弹簧 （3）检查滑阀配合部分，去除毛刺

任务2　压力控制基本回路

任务导读

压力控制回路是利用压力控制阀来控制系统压力的回路，主要实现调压、减压、增压、多级调压等控制，以满足执行元件在力或力矩上的要求。在定量泵系统中，液压泵供油压力可以通过溢流阀来调节；在变量泵系统中，用溢流阀限制系统最高工作压力防止系统过载，起安全阀作用。当系统中需要两种以上工作压力时，可以采用溢流阀、减压阀实现多级调压。在多液压缸的复杂系统中，可以采用顺序阀、压力继电器实现多缸动作顺序回路。本次任务是识读压力控制回路图，在实训室练习元件拆装与油路连接，对调压回路的故障进行分析与排除。

活动1　识读调压回路

用溢流阀来控制整个系统或局部压力的回路称为调压回路。常见的调压回路有：单级调压回路、远程调压回路和多级调压回路。图 5-11 所示为注塑机液压系统常采用的回路，即多级调压及卸荷回路。先导式溢流阀 1 与溢流阀 2、3、4 的调定压力不同，先导式溢流阀 1 调压最高。溢流阀 2、3、4 进油口均与先导式溢流阀 1 的外控口相连，且分别由电磁换向阀 6、7 控制出口。电磁阀 5 进油口与先导式溢流阀 1 的外控口相连，出口与油箱相连。

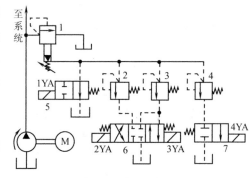

图 5-11　多级调压及卸荷回路

1）系统工作时，若仅电磁铁 1YA 通电，则系统由_____调定最高工作压力。

2）当仅 1YA 和 2YA 通电时，系统可得到_____调定的工作压力。

3）当仅 1YA 和 3YA 通电时，系统可得到_____调定的工作压力。

4）当仅 1YA 和 4YA 通电时，系统得到由_____调定的工作压力。

5）当 1YA 不通电时，先导式溢流阀 1 的外控口与油箱连通，液压泵_____。

活动2　识读减压回路

在液压系统中，当某分支油路需要的工作压力低于系统压力时，可采用减压回路。如控制油路、夹紧油路等。图 5-12 所示为夹紧机构中常用的减压回路，回路中串联一个减压阀，使夹紧缸获得较低而又稳定的夹紧力。夹紧回路中换向阀的名称是_____，作用是防止电路出现故障时松开工件而发生事故。为使减压回路可靠工作，压力表 2 最高调定压力应_____（高于、低于）压力表 1 调定压力。溢流阀的作用是_____。

活动3　探讨压力继电器的应用

图 5-13 所示的夹紧机构液压缸的保压-卸荷回路中，采用了压力继电器和蓄能器。当三位四通电磁换向阀左位工作时，液压泵向蓄能器和夹紧缸左腔供油，并推动活塞杆向_____

（左、右）移动。在夹紧工件时系统压力升高，当压力达到压力继电器的开启压力时，工件被夹牢，蓄能器已贮备了足够的压力油。这时压力继电器发出电信号，使二位电磁换向阀通电，控制溢流阀使泵_____。此时单向阀关闭，液压缸若有泄漏，油压下降，则可由蓄能器_____。当夹紧缸压力下降到压力继电器的闭合压力时，压力继电器自动复位，又使二位电磁阀断电，液压泵重新向夹紧缸和蓄能器供油。

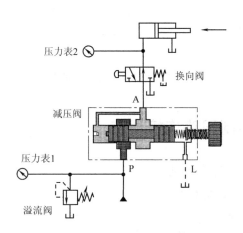

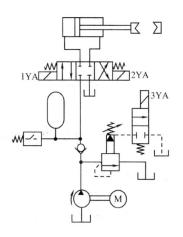

图 5-12　夹紧机构中常用的减压回路　　　　图 5-13　压力继电器保压-卸荷回路

活动 4　识读顺序动作回路

图 5-14 所示为先导式顺序阀控制的定位、夹紧回路。当电磁换向阀断电时，压力油先进入定位缸 A 的下腔，缸上腔回油，活塞向上抬起使定位销进入工件定位孔实现定位。由于压力低于顺序阀的调定压力，压力油_____（能、不能）进入夹紧缸 B 下腔，工件_____（能、不能）夹紧。当定位缸活塞停止运动时，油路压力升高至顺序阀的_____时，顺序阀开启，压力油进入夹紧缸 B 下腔，缸上腔回油，夹紧缸活塞抬起，将工件夹紧。实现了先定位后夹紧的顺序要求。当电磁阀再通电时，压力油同时进入定位缸、夹紧缸上腔，两缸下腔回油，使工件松开并拔出定位销。顺序阀的调整压力应高于先动作缸的_____，以保证动作顺序可靠。

活动 5　识读液压系统图

图 5-15 所示为双向调压回路。当执行元件正反向运动需要不同的供油压力时，可采用双向调压回路。当换向阀在左位工作时，活塞为工作行程，泵出口压力由_____调定；当换向阀在右位工作时，活塞作空行程返回，泵出口压力由_____调定。回路中溢流阀1的压力_____（高于、低于）溢流阀 2 的压力。

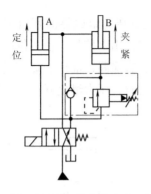

图 5-14　先导式顺序阀控制的定位、加紧回路

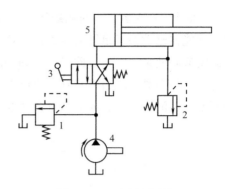

图 5-15　双向调压回路

活动6　压力控制回路连接训练

1）熟悉液压系统原理图和电气原理图，如图 5-16 所示。

2）选择所需的液压元件，并且检查其性能的完好性。

3）将检验好的液压元件安装在实训板的适当位置，按照回路要求，把各个元件连接起来。

4）按照回路图，确认安装连接正确后，旋松泵出口安装的溢流阀。经过检查，确认正确无误后，再起动液压泵，按要求调压。不经检查，私自开机，一切后果由本人负责。

5）系统中溢流阀作安全阀使用，不得随意调整。根据回路要求，调节顺序阀，使液压缸左右运动速度适中。实验完毕后，应先旋松

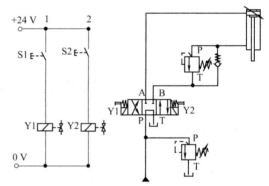

图 5-16　电气及液压原理图

溢流阀手柄，然后停止液压泵工作。经确认回路中压力为零后，取下连接油管和元件，归类放入规定的地方。

评价反馈

填写学习效果自评表（表5-4）。

表5-4　学习效果自评表

序号	内　　容	分值	得分	备注
1	绘制三种压力控制阀的图形符号	20		
2	比较溢流阀和减压阀结构上的区别	20		
3	比较溢流阀和顺序阀结构上的区别	20		
4	叙述溢流阀的用途	20		
5	说出压力控制阀的常见故障	20		

项目考核

一、判断

1. 用压力控制的顺序动作回路只能用顺序阀控制。（　　）

2. 溢流阀通常接在液压泵出口油路上，它的进口压力即系统压力。（　　）

3. 溢流阀用作系统的限压保护、防止过载的安全阀，在系统正常工作时，该阀处于常闭状态。（　　）

4. 凡液压系统中有减压阀，则必定有减压回路。（　　）

5. 凡液压系统中有顺序阀，则必定有顺序动作回路。（　　）

6. 压力调定回路主要是由溢流阀等组成的。（　　）

7. 用顺序阀的顺序动作回路适用于缸很多的液压系统。（　　）

8. 压力控制顺序动作回路的可靠性比行程控制顺序动作回路的可靠性好。（　　）

9. 减压阀的作用是降低整个系统的压力。（　　）

10. 溢流阀的主要作用是控制流量。（　　）

二、选择

1. 溢流阀（　　）。

A. 常态下阀口是常开的

B. 阀芯随系统压力的变动而移动

C. 进、出油口均有压力

D. 一般连接在液压缸的回油路上

2. 一级或多级调压回路的核心控制元件是（　　）。

A. 溢流阀　　　　　　　　　　　　　B. 减压阀

C. 压力继电器　　　　　　　　　　　D. 顺序阀

3. 如某元件须得到比主系统油压高得多的压力时，可采用（　　）。

A. 压力调定回路　　　　　　　　　　B. 多级压力回路

C. 减压回路　　　　　　　　　　　　D. 增压回路

4. 在定量泵液压系统中，若溢流阀调定压力为 $35 \times 10^5 \mathrm{Pa}$，则系统中的减压阀可调的压力范围为（　　）。

A. $0 \sim 35 \times 10^5 \mathrm{Pa}$　　　　　　　　B. $5 \times 10^5 \sim 35 \times 10^5 \mathrm{Pa}$

C. $0 \sim 30 \times 10^5 \mathrm{Pa}$　　　　　　　　D. $5 \times 10^5 \sim 30 \times 10^5 \mathrm{Pa}$

5. 当减压阀出口压力小于调定值时，（　　）起减压和稳压作用。

A. 仍能　　　　　　　　　　　　　　B. 不能

C. 不一定能　　　　　　　　　　　　D. 不减压但稳压

6. 要求运动部件的行程能灵活调整或动作顺序能较容易地变动的多缸液压系统，应采用的顺序动作回路为（　　）。

A. 顺序阀控制　　　　　　　　　　　B. 压力继电器控制

C. 电气行程开关控制　　　　　　　　D. 行程阀

7. 如图 5-17 所示，假定背压阀的调定压力为 4×10^5 Pa，缸的有效工作面积为 0.01m^2，则此回路能承受的最大负载为(　　)。

A. 0　　　　　　　　B. 4000N

C. 40000N　　　　　　D. 400N

8. 顺序动作回路所采用的主要液压元件是(　　)。

A. 顺序阀、压力继电器和行程开关

B. 换向阀、节流阀和溢流阀

C. 调速阀、减压阀和单向阀

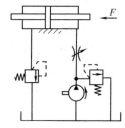

图 5-17　液压原理图（一）

三、简述

1. 液压系统为什么要使用压力控制阀？

2. 先导式溢流阀由哪几部分组成？各起什么作用？与直动式溢流阀比较，先导式溢流阀有什么优点？

3. 画出溢流阀、减压阀和顺序阀的图形符号，并比较：

（1）进出油口的油压。

（2）正常工作时阀口的开启情况。

（3）泄油情况。

4. 液压控制阀有哪些共同点？应具备哪些基本要求？

四、图 5-18 所示的回路中，已知活塞运动时负载 $F = 1.2$ kN，活塞面积 $A = 15 \times 10^{-4} \text{m}^2$，溢流阀调整值为 4.5MPa，两个减压阀的调整值分别为 $p_1 = 3.5$ MPa 和 $p_2 = 2$ MPa，如油液流过减压阀及管路时的损失可忽略不计，试确定活塞在运动和停在终端位置时，A、B、C 三点的压力值。

五、图 5-19 所示的回路中，若溢流阀的调整压力分别为 $p_{Y1} = 6$ MPa，$p_{Y2} = 4.5$ MPa，泵出口处的负载阻力为无限大，试问在不计管道损失和调压偏差情况下：

（1）换向阀下位接入回路时，泵的工作压力为多少？B 点和 C 点的压力各为多少？

（2）换向阀上位接入回路时，泵的工作压力为多少？B 点和 C 点的压力又是多少？

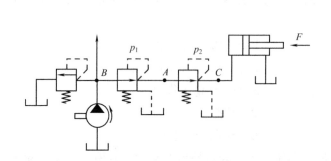

图 5-18　液压原理图（二）

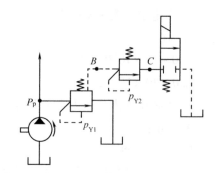

图 5-19　液压原理图（三）

六、读图 5-20 所示液压系统图，回答问题并填表。

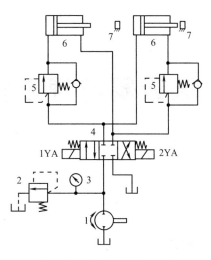

图 5-20 液压原理图（四）

（1）识读回路图，将油液流动情况填入表 5-5。

表 5-5 油液流动情况

换向阀电磁铁	油液流动情况
1YA（+）	进油线路：
2YA（-）	回油线路：
1YA（-）	进油线路：
2YA（+）	回油线路：
中位机能	

（2）说出元件名称和作用并填入表 5-6 中。

表 5-6 元件名称和作用

序号	名称	作用
1		
2		
3		
4		
5		
6		
7		

项目六 流量阀与速度控制回路

知识目标

1) 掌握节流阀的结构原理及应用。
2) 掌握调速阀的结构原理及应用。
3) 掌握节流调速回路的工作原理。
4) 了解节流调速回路、快速回路和速度换接回路。

技能目标

1) 能对节流阀和调速阀进行结构和功能的区分。
2) 能绘制流量控制阀的图形符号。
3) 能对流量控制阀常见故障进行分析和排除。
4) 能熟练安装并调试速度控制回路。
5) 具备解决综合问题的能力。

职业素养

1) 你若要喜爱你自己的价值，你就得给世界创造价值。——歌德
2) 人生的价值，并不是用时间，而是用深度去衡量的。——列夫·托尔斯泰
3) 但愿每次回忆，对生活都不感到负疚。——郭小川

想一想、议一议

1) 手动旋转出水龙头，观察出水量的大小与哪些因素有关。
2) 节流阀与调速阀有什么区别？
3) 观察常见设备速度控制有哪些方法？

任务 1　流量阀结构与故障排除

任务导读

流量控制阀是速度控制回路的核心元件，流量控制阀包括节流阀、调速阀及其他形式的节流阀等。流量控制阀是通过改变阀口通流面积来调节流量，从而控制执行元件的运动速度的。节流阀适用于一般的节流调速系统，调速阀适用于执行元件负载变化大而运动速度要求稳定的液压系统，也用于容积节流调速回路中。

知识准备

一、流量阀的控制原理

液压系统执行元件的速度 $v = q/A$，改变输入液压缸的流量 q 或改变液压缸有效面积 A 可以调速。液压系统中，改变液压缸有效面积有困难，一般采用改变流量的方法。图 6-1 所示为节流阀节流示意图，其原理是通过改变阀口的大小来实现流量调节。

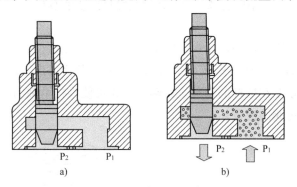

图 6-1　节流阀节流示意图

二、常见节流口的形式（表 6-1）

表 6-1　常见节流口的形式

名称	图　例	结　构	应用特点
针阀式		针阀阀芯作轴向移动时，改变环形节流口的通流面积	结构简单、制造容易，节流通道较长、直径小、易堵塞，温度变化对流量稳定性影响较大，一般用于对性能要求不高的场合
偏心槽式		阀芯上开有截面为三角形的偏心槽，转动阀芯即可改变通流面积的大小	特点和针阀式节流口基本相同，阀芯上的径向力不平衡，旋转时比较费劲，一般用于压力较低、对流量稳定性要求不高的场合

（续）

名称	图 例	结 构	应用特点
轴向三角槽式		阀芯作轴向移动时，改变了通流面积的大小	结构简单、工艺性好、直径中等、可得较小的稳定流量，调节范围较大。油温变化对流量有一定影响，这是一种目前应用很广的节流口形式
周向隙缝式		阀芯圆周方向上开有一狭缝，旋转阀芯就可改变通流面积的大小	节流口是薄壁结构，油温变化对流量影响小，阀芯受不平衡径向力。用于低压小流量系统时，能得到较满意的性能
轴向隙缝式		阀芯衬套上铣有一个槽，沿轴向开有节流口，阀芯轴向移动时，改变通流面积的大小	在开口很小时，通流面积为正方形，水力直径大，不易堵塞，油温变化对流量影响小

 技能操作

活动1　认识节流阀的结构

图6-2所示为节流阀实物图，图6-3所示为节流阀结构图。从图中可以看出，节流口为轴向三角槽式。压力油从进油口 P_1 流入，经阀芯轴向三角槽后由出油口 P_2 流出。阀芯2在弹簧力的作用下始终紧贴在推杆的端部。旋转手轮3可使推杆沿轴向移动，改变节流口的通流截面积，即改变通过阀的流量。

图6-2　节流阀实物图

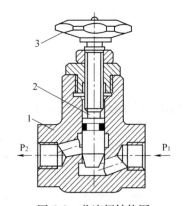

图6-3　节流阀结构图
1—阀体　2—阀芯　3—手轮

活动2　认识单向节流阀

图6-4所示为单向节流阀的实物图，图6-5所示为单向节流阀的原理图。单向节流阀是节流阀与单向阀的组合阀。如图6-5a所示，当油液正向流动，即由 B 流到 A 时，节流阀

_____，与普通节流阀工作相同，而单向阀_____。如图6-5b所示，当油液反向流动，即由A流向B时，节流阀_____，而单向阀_____，与单向阀工作相同。

图6-4　单向节流阀实物图

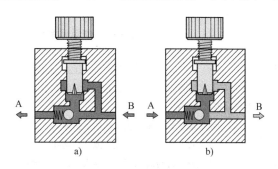

a)　　　　　　　　　　b)

图6-5　单向节流阀原理图

活动3　认识调速阀

调速阀由定差减压阀和节流阀串联组成，节流阀用来调节通过的流量，定差减压阀则自动补偿负载变化的影响，维持前后压差为定值，使调速系统性能稳定。图6-6所示为调速阀的实物图，图6-7所示为调速阀原理图。压力油（压力为p_1）先经定差减压阀，然后经节流阀流出，节流阀进口压力为p_2，节流阀出口压力为p_3。节流阀进口处油液经阀体流道被引至定差减压阀阀芯的两端，$(p_2 - p_3)A$与定差减压阀的弹簧力F_s进行比较，由于定差减压阀的弹簧力F_s为定值，所以$p_2 - p_3$基本不变。

图6-6　调速阀实物图

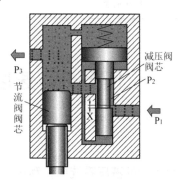

图6-7　调速阀原理图

当调速阀出口被堵住时，其节流阀两端的压力相等，减压阀阀芯在弹簧力作用下移至最下端，阀开口最大。当将调速阀出口迅速打开时，因减压阀阀口来不及关小而不起减压作用，流量会瞬时增加，使液压缸产生前冲现象。图6-8所示为流量阀的图形符号，其中图6-8a所示为_____；图6-8b所示为_____；图6-8c所示为_____。

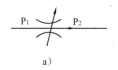

a)

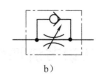

b)

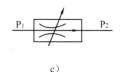

c)

图6-8　流量阀图形符号

活动4 流量阀常见故障及其排除(表6-2)

表6-2 流量阀常见故障及其排除

故障现象	故障原因	排除方法
调节失灵	(1) 定差减压阀阀芯与阀套孔配合间隙太小,导致阀芯移动不灵或卡死 (2) 定差减压阀弹簧太软、弯曲、折断 (3) 油液过脏使阀芯卡死或节流孔口堵死 (4) 节流阀阀芯与阀孔配合间隙太大造成较大泄漏 (5) 节流阀阀芯与阀孔配合间隙太小或变形卡死 (6) 节流阀阀芯轴向孔堵塞 (7) 调节手轮紧固螺钉过松或过紧,螺纹被脏物卡死	(1) 检查、修配间隙使阀芯移动灵活 (2) 更换弹簧 (3) 拆卸清洗,过滤或更换油液 (4) 修磨阀孔,单配阀芯 (5) 配研以保证间隙 (6) 拆卸清洗,过滤或更换油液 (7) 拆卸清洗,紧固紧定螺钉
流量不稳定	(1) 定差减压阀阀芯卡死 (2) 定差减压阀阀套小孔时堵时通 (3) 定差减压阀弹簧弯曲、变形,端面与轴线不垂直或太硬 (4) 节流孔口处积有污物,造成时堵时通 (5) 温度过高 (6) 系统中有空气	(1) 拆卸清洗、修配,使阀芯移动灵活 (2) 拆卸清洗,过滤或更换油液 (3) 更换弹簧 (4) 拆卸清洗,过滤或更换油液 (5) 降低油温 (6) 将空气排净

任务2 速度控制基本回路

任务导读

采用定量泵供油的液压系统中,利用速度控制阀改变进入或流出执行元件的流量,实现速度控制,这种方法称为节流调速回路。设备一般需要有速度调节功能、快速运动功能和速度换接功能等。速度控制回路要实现这些功能,并保证速度转换平稳、可靠、不出现前冲现象。速度控制回路包括快速运动回路、节流调速回路、速度换接回路等。本次任务是速度控制回路分析与回路连接操作。

技能操作

活动1 认识节流调速回路

由定量泵和流量阀组成的调速回路,按流量阀安放位置不同分为进油、回油和旁路节流调速回路。

1. 进油路节流调速回路

如图 6-9 所示，该回路中节流阀串联在液压泵和液压缸之间，从泵输出的油液经节流阀进入液压缸的工作腔，推动活塞运动。调节节流阀的通流面积，可调节进入液压缸的流量，从而调节液压缸的运动速度，多余的油液经溢流阀回油箱。进油节流调速回路的应用特点：

（1）具有自动控制能力　流量阀前后有一定的压差，在流量阀和液压缸之间设置压力继电器，利用压力变化发出电信号，对系统下一步动作实现控制。

（2）具有承受负值负载的能力　负值负载指作用力的方向和执行元件运动方向相同的负载。进油节流调速回路需要加背压阀才能承受负值负载，这样会增加功率损耗。

（3）油液发热对泄漏的影响　流经节流阀的油液发热比较大，会增加液压缸的泄漏量。

（4）运动平稳性　进油节流调速没有背压，回油路容易吸入空气，运动平稳性差。

2. 回油路与进油路节流调速回路性能比较

图 6-10 所示为回油路节流调速回路，在液压缸回油路上串联节流阀。

（1）具有自动控制能力　回油节流调速_____（能、不能）对系统下一步动作实现控制。

（2）承受负值负载的能力　回油节流调速_____（能、不能）承受负值负载。

（3）油液发热对泄漏的影响　回油节流调速_____（大于、小于）进油节流调速的油液发热，所以会减少液压缸的泄漏量。

（4）运动平稳性　回油节流调速运动平稳性_____（好、不好），所以低速运动不易爬行，高速时不易颤动。

3. 旁路与进油路、回油路节流调速回路性能比较

如图 6-11 所示，该回路采用定量泵供油，节流阀的出口接油箱，节流阀装在液压缸并联的支路上。调节节流阀的通流面积，即可调节进入液压缸的流量，从而实现调速。回路中溢流阀_____（常开、常闭），溢流阀作安全阀用。旁路节流调速回路_____（有、无）节流损失，_____（有、无）溢流损失。旁路节流调速回路功率损失比前两种调速回路_____（大、小），效率_____（高、低）。

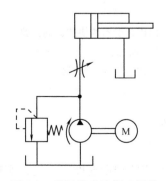 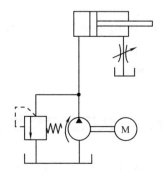 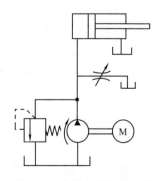

图 6-9　进油路节流调速回路　　图 6-10　回油路节流调速回路　　图 6-11　旁路节流调速回路

活动2　认识快速运动回路

1. 液压缸差动连接的快速运动回路

图6-12所示液压缸差动连接的快速运动回路。当只有电磁铁1YA通电时,电磁换向阀3左位工作,压力油进入液压缸的左腔,因活塞左端受力面积大,活塞向右移动,此时活塞右腔油液也进入液压缸左腔,活塞差动快速右移。如果3YA电磁铁通电,电磁换向阀4换为右位,则压力油只能进入液压缸左腔,液压缸右腔则经调速阀5回油箱,实现活塞慢速运动。当2YA、3YA同时通电时,压力油经电磁换向阀3、单向阀6、电磁换向阀4进入液压缸右腔,液压缸左腔回油,活塞快速退回。这种快速运动回路简单经济,但快、慢速度的转换不够平稳。

2. 采用蓄能器的快速运动回路

图6-13所示为采用蓄能器的快速运动回路,它适用于在短时间内需要大流量的液压系统。当换内阀5处于中位,液压缸不工作时,液压泵1经单向阀2向蓄能器4充油。当蓄能器内的油压达到液控顺序阀3的调定压力时,液控顺序阀3被打开使液压泵卸荷。当换向阀5处于左位或右位,液压缸工作时,液压泵1和储能器4同时向液压缸供油,使其实现快速运动。这种快速运动回路可用小流量泵而获得较高运动速度。缺点是蓄能器充油时,液压缸须停止工作,在时间上有些浪费。

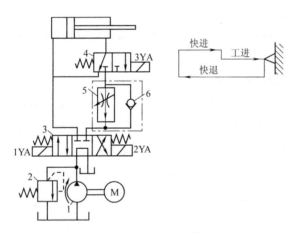

图6-12　液压缸差动连接的快速运动回路
1—泵　2—溢流阀　3、4—电磁换向阀
5—调速阀　6—单向阀

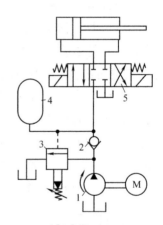

图6-13　采用蓄能器的快速运动回路
1—泵　2—单向阀　3—液控顺序阀
4—蓄能器　5—换向阀

活动3　认识速度转换回路

设备工作部件在实现自动工作循环过程中,需要将速度转换或两种慢速度等。这种实现速度转换的回路,应保证速度转换平稳可靠。

1. 用电磁换向阀的快、慢速度转换回路

图 6-14 所示为用电磁换向阀的快、慢速转换回路。当电磁铁 1YA、3YA 同时通电时，压力油经换向阀 4 进入液压缸左腔，液压缸右腔回油，工作部件实现快进；当运动部件上的挡块碰到行程开关使电磁铁 3YA 断电时，换向阀 4 油路断开，调速阀 5 接入油路，压力油经调速阀 5 进入液压缸左腔，液压缸右腔回油，工作部件以调速阀 5 调节的速度实现工作进给。这种速度转换回路，速度换接快，行程调节比较灵活，电磁阀可安装在液压站的阀板上，便于实现工作进给，也便于实现自动控制。其缺点是平稳性较差。

2. 用行程阀的快慢速度转换回路

图 6-15 所示为用行程阀的快慢速转换回路。当换向阀 4 的电磁铁断电时，压力油进入液压缸左腔，液压缸右腔油液经行程阀 1 回油箱，工作部件实现快速运动。当工作部件上的挡块压下行程阀时，其回油路被切断，液压缸右腔油液只能经节流阀 2 流回油箱，转为慢速运动。这种回路中，行程阀的阀口是逐渐关闭（或开启）的，速度换接比较平稳，比采用电气元件动作更可靠。其缺点是行程阀必须安装在运动部件附近，有时管路接得很长，压力损失较大，因此多用于大批量生产的专用机械设备中。

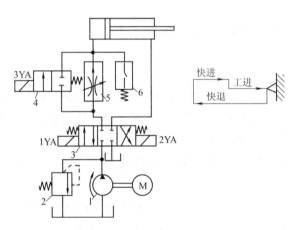

图 6-14　用电磁换向阀的快慢速转换回路
1—泵　2—溢流阀　3、4—换向阀
5—调速阀　6—压力继电器

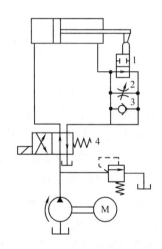

图 6-15　用行程阀的快慢速转换回路
1—行程阀　2—节流阀
3—单向阀　4—换向阀

3. 用调速阀串、并联的快慢速度转换回路

图 6-16 所示为调速阀串联的二级调速回路。当换向阀 2 左位接入系统时，调速阀 3 被换向阀 2 短接，输入液压缸的流量由调速阀 4 控制。当换向阀 2 右位接入回路时，由于通过调速阀 3 的流量调得比调速阀 4 小，所以输入液压缸的流量由调速阀 3 控制。这种回路中的调速阀 4 一直处于工作状态，它在速度换接时限制着进入调速阀 3 的流量，因此它的速度换接平稳性较好，由于油液经过两个调速阀，所以能量损失较大，此回路只能用于第二进给速度小于第一进给速度的场合，故调速阀 3 的开口小于调速阀 4。

图 6-17 所示为调速阀并联的二级调速回路。两个调速阀可以独立地调节各自的流量，互不影响。一个调速阀工作时另一个调速阀内无油液通过，减压阀不起作用而处于最大开口

位置，因此速度换接时大量油液通过该处使机床工作部件产生突然前冲现象。所以不宜用在同一行程两次进给速度的转换上，只可用在速度预选的场合。

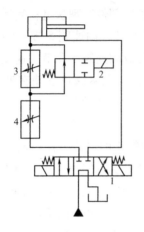
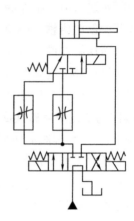

图 6-16　调速阀串联的二级调速回路　　　　　　图 6-17　调速阀并联的二级调速回路

1、2—换向阀　3、4—调速阀

活动 4　探讨钻床液压系统

1. 分析钻床液压系统图

1）图 6-18 所示为钻床立体示意图。其液压控制系统含有两个液压缸，即夹紧缸和进给缸。夹紧缸用于夹紧工件，工件不同所需的夹紧力不同，其夹紧力应可调。进给缸用于钻头加工零件，其速度可调。夹紧缸和进给缸的顺序动作应可调。

2）阅读图 6-19 所示的液压系统图，图中采用的基本回路主要有_____回路、_____回路、_____回路和调速回路。

3）减压阀 5 的作用是_____，从而满足不同液压设备的压力需要。为保持溢流阀出口处夹紧压力可靠，其进口压力应_____（大于、小于）夹紧压力。

4）单向阀 4 的作用是_____。由于钻床主轴为拉力负载，在系统中安装溢流阀 10 可作为_____阀。

5）在夹紧缸和进给缸回缩过程中，单向阀 8 和 11 为旁通阀，作用是_____
____。

2. 指出液压系统图（图 6-19）中各元件的名称及作用

3. 写出油液流动路线

1）换向阀 3 手柄处于左位时：_____。

2）换向阀 3 手柄处于右位时：_____。

3）换向阀 12 手柄处于左位时：_____。

4）换向阀 12 手柄处于右位时：_____。

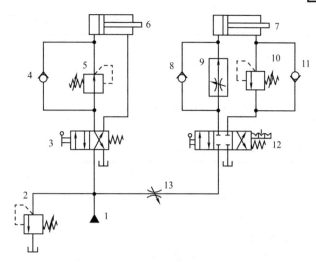

图 6-18　钻床立体示意图

图 6-19　钻床液压系统图

活动 5　油路设计与仿真练习

图 6-20 所示为平面磨床结构示意图，要求绘制液压原理图并在液压仿真软件平台上进行模拟仿真。

（1）要求　平面磨床工作台是由一个液压缸驱动的。若采用单杆液压缸，要求一个液压回路为液压缸两个不同体积的活塞腔提供不同流量，达到速度相同。

（2）提示　由于单杆液压缸两腔有效作用面积不同，要达到往返速度相同，必然在无杆腔进油时流量要大，所以设计回路时，一方面考虑用调速阀调节两个工作过程中的流量不同，另一方面考虑采用差动连接的回路，使回路简单调节方便。

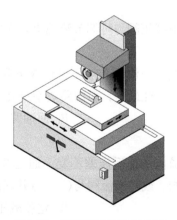

图 6-20　平面磨床结构示意图

　评价反馈 ▪▪▪

填写学习效果自评表（表 6-3）。

表 6-3 学习效果自评表

序 号	内　　容	分 值	得 分	备　注
1	说出节流口的种类	10		
2	解释调速阀的工作原理	20		
3	节流调速回路有几种，性能差异是什么	30		
4	叙述快速运动回路的工作原理	20		
5	指出速度换接回路有几种方法	20		

项目考核

一、判断

1. 为提高进油调速回路的平稳性，可在回油路上串接一个装硬弹簧的单向阀。（　　）

2. 回油路节流调速回路与进油路节流调速回路的调速特性相同。（　　）

3. 采用调速阀的定量泵节流调速回路，无论负载如何变化始终能保证执行元件运动速度稳定。（　　）

4. 节流阀只能安装在执行元件的进油路上，而调速阀还可安装在执行元件的回油路和旁路上。（　　）

5. 用节流阀代替调速阀，可使节流调速回路活塞的运动速度不随负荷变化而波动。（　　）

6. 进油路节流调速回路、回油路节流调速回路和旁路节流调速回路都属于节流调速回路。（　　）

7. 节流阀的作用是调节流量和控制液压缸的运动速度。（　　）

8. 流量控制阀是用来控制液压系统工作的流量，从而控制执行元件的运动速度的。（　　）

9. 调速阀是组合阀，其是由减压阀与可调节流阀串联而成的。（　　）

二、选择

1. 用同样的定量泵、节流阀、溢流阀和液压缸组成下列几种节流调速回路，（　　）能够承受负值负载，（　　）的速度刚性最差，而回路效率最高。

A. 进油路节流调速回路　　　　　　B. 回油路节流调速回路

C. 旁路节流调速回路

2. 为保证负载变化时，节流阀的前后压差不变，通过节流阀的流量基本不变，往往将节流阀与（　　）串联组成调速阀，或将节流阀与（　　）并联组成旁通型调速阀。

A. 减压阀　　　　　　　　　　　B. 定差减压阀

C. 溢流阀　　　　　　　　　　　D. 差压式溢流阀

3. 在定量泵节流调速阀回路中，调速阀可以安装在回路的（　　），而旁通型调速回路只能安放在回路的（　　）。

A. 进油路　　　　　　　　　　　B. 回油路

C. 旁油路

4. 差压式变量泵和(　　)组成的容积节流调速回路与限压式变量泵和(　　)组成的调速回路相比较，回路效率更高。

A. 节流阀　　　　　　　　　　　　B. 调速阀

C. 旁通型调速阀

5. 当控制阀的开口一定，阀的进、出口压力相等时，通过节流阀的流量为(　　)，通过调速阀的流量为(　　)。

A. 0　　　　　　　　　　　　　　B. 某调定值

C. 某变值　　　　　　　　　　　　D. 无法判断

6. 在回油路节流调速回路中，节流阀处于节流调速工况，系统的泄漏损失及溢流阀调压偏差均忽略不计。当负载 F 增加时，泵的输入功率(　　)，缸的输出功率(　　)。

A. 增加

B. 减少

C. 基本不变

D. 可能增加也可能减少

7. 节流调速回路所采用的主要液压元件是(　　)。

A. 变量泵　　　　　　　　　　　　B. 调速阀

C. 节流阀　　　　　　　　　　　　D. 无法判断

8. 以下不是速度控制回路的是(　　)。

A. 节流调速回路　　　　　　　　　B. 速度换接回路

C. 闭锁回路　　　　　　　　　　　D. 容积调速回路

9. 在限压式变量泵与调速阀组成的容积式节流调速回路中，若负载从 F_1 降到 F_2 而调速阀开口不变，则泵的工作压力(　　)；若负载保持定值而调速阀开口变小，则泵工作压力(　　)。

A. 增加　　　　　　B. 减小　　　　　　C. 不变

10. 在差压式变量泵和节流阀组成的容积式节流调速回路中，如果将负载阻力减小，其他条件保持不变，则泵的出口压力将(　　)，节流阀两端压差将(　　)。

A. 增加　　　　　　B. 减小　　　　　　C. 不变

三、简答题

1. 如图 6-21 所示，1 处的压力为 p_1，2 处的压力为 p_2，试问 p_1 和 p_2 哪个大？为什么？

2. 节流口的形式有哪几种？各有什么特点？

3. 影响节流阀流量稳定性的因素有哪些？

4. 为什么调速阀能够使执行元件的运动速度稳定？

5. 节流调速回路中，三种节流调速回路各有什么优缺点？

6. 液压系统中为什么要设置快速运动回路？实现执行元件快速运动的方法有哪些？

四、读图 6-22 回答问题：

1. 说明图中各组成元件的名称和作用。

2. 说明液压缸实现快进、一工进、二工进和快退时，液压系统进油与回油路线。

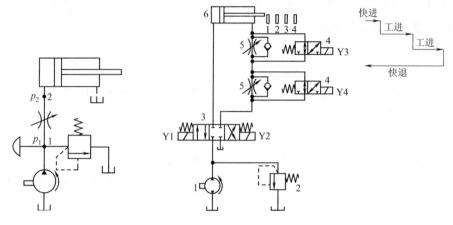

图 6-21 液压原理图（一）   图 6-22 液压系统图（二）

五、图 6-23 所示为组合钻床液压系统，可实现"快进—工进—快退—原位停止"工作循环。将电磁铁动作顺序填入表 6-4。

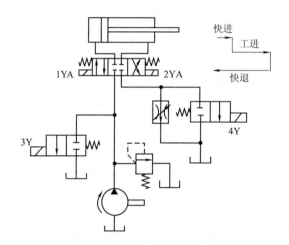

图 6-23 组合钻床液压系统

表 6-4 电磁铁动作顺序

电磁铁 ＼ 动作	1YA	2YA	3YA	4YA
快　进				
工　进				
快　退				
原位停止				
泵卸荷				

项目七 液压系统分析与故障排除

 知识目标

1) 熟悉各种液压元件在液压系统中的作用及各种基本回路。
2) 掌握液压传动系统的工作原理，阅读液压系统原理图。
3) 熟悉液压系统故障诊断方法。
4) 掌握日常维护保养的方法和步骤。

 技能目标

1) 会阅读液压传动系统图。
2) 能分析液压传动系统的特点。
3) 能安装、调试和使用简单液压设备。
4) 能判断液压传动系统常见的故障。
5) 具有解决实际问题的初级能力。

 职业素养

1) 人生不是一种享乐，而是一桩十分沉重的工作。——列夫·托尔斯泰
2) 勿以恶小而为之，勿以善小而不为。惟贤惟德，能服于人。——刘备
3) 只有能向竞争者学习的人才会进步，才能让对手折服。——马云

想一想、议一议

1) 液压元件、基本回路和液压系统三者之间有何联系？
2) 怎样阅读复杂的液压系统图？
3) 观察组合机床和数控车床液压系统的相同与不同之处？

任务1 典型液压系统分析

任务导读 ▪▪▪

　　为使液压设备实现特定功能，将各种不同运动的执行元件及其液压回路拼接、汇合起来，用液压泵供油形成一个网络，就构成了设备的液压传动系统，简称液压系统。液压系统一般用液压系统图来表示，它是用国家标准的液压元件图形符号来表示的液压系统原理图。本次任务主要是识读典型液压系统图，分析常见液压设备的工作原理，加深对液压元件、液压基本回路的理解，掌握分析液压系统图的基本方法和基本步骤，从而为正确使用、调整和维护液压设备奠定基础。

知识准备 ▪▪▪

一、阅读复杂液压系统图的要求

　　1）要有液压技术的理论知识。
　　2）要有液压技术的实践经验。
　　3）要掌握液压元器件的图形符号。
　　4）要掌握设备的工艺流程和动作要求。
　　5）要有一定的实践经验积累。

二、阅读复杂液压系统图的方法

　　1）抓两头连中间
　　①先从液压系统图中找出一头是液压泵，另一头是所有的液压执行元件，如液压缸或液压马达等。
　　②了解每个执行元件在液压系统中各执行什么动作。
　　③分清各执行元件动作的相互关系。
　　④根据系统图中各液压元件工作原理，判断元件在系统中可能起的作用。
　　⑤从液压泵开始，遵循油液从高压处流向低压处，油液尽可能绕过阻力大的油路，分解出各执行元件完成自身动作的基本回路。
　　⑥将这些基本回路全盘考虑，可以看清整个液压系统的工作原理。
　　2）对照实物，看懂液压系统图。
　　3）化繁为简，化整为零，将复杂的液压系统分解为简单的子系统或简单回路。

三、阅读复杂液压系统图的步骤

　　1）全面了解设备的功能、工作循环及对液压系统的工作要求。
　　2）将油路图依次分成执行部分、动力部分和控制部分三大块。先根据设备要求，搞清楚执行元件的动作及要求。

3）分清油源：单泵还是多泵，定量泵还是变量泵等。

4）从执行元件出发，倒过来找到液压泵，搞清楚对应关系。

5）再来分析泵与执行元件链条中的控制部分，分清各个控制元件的类型、原理、性能和功用。

6）仔细分析并写出各执行元件的动作循环和实现每步动作的进油和回油路线。

7）归纳设备液压系统的特点和使设备正常工作的要领，加深对整个液压系统的理解。

技能操作

活动1 识读数控车床液压系统图

一、MJ-50 数控车床工作原理分析

数控车床卡盘的夹紧与松开、卡盘夹紧力的高低转换、回转刀架的松开与夹紧、刀架刀盘的正转与反转、尾座套筒的伸出与退回都是由液压系统驱动的。液压系统中各电磁铁的动作由数控系统 PC 控制实现。MJ-50 数控车床液压系统工作原理如图 7-1 所示。

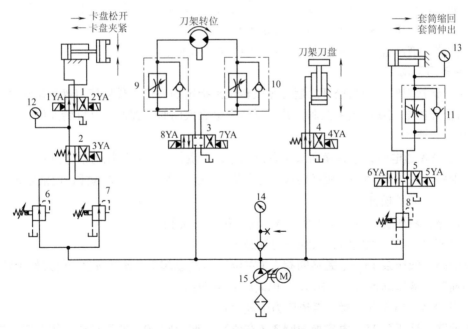

图 7-1 MJ-50 数控车床液压系统工作原理图

1、2、3、4、5—电磁换向阀 6、7、8—减压阀

9、10、11—单向调速阀 12、13、14—压力表 15—液压泵

1. 卡盘的夹紧与松开

主轴卡盘的夹紧与松开由电磁换向阀 1 控制。卡盘高低压夹紧转换由电磁换向阀 2 控

制。当卡盘处于正卡且在高压夹紧状态下时，夹紧力的大小由减压阀 6 来调整，并由压力表 12 显示卡盘压力。

1）当 3YA 断电、1YA 通电时，系统压力油经过：

进油路：液压泵 15→减压阀 6→电磁换向阀 2（左位）→电磁换向阀 1（左位）→
液压缸右腔→活塞杆，使活塞杆左移，卡盘夹紧。

回油路：液压缸左腔→电磁换向阀 1（左位）→油箱。

2）当 3YA 断电、2YA 通电时，系统压力油经过：

进油路：液压泵 15→减压阀 6→电磁换向阀 2（左位）→电磁换向阀 1（右位）→
液压缸左腔→活塞杆，使活塞杆右移卡盘松开。

回油路：液压缸右腔→电磁换向阀 1（右位）→油箱。

当卡盘处于正卡且在低压夹紧状态下时，夹紧力的大小由减压阀 7 来调整，并由压力表 12 显示卡盘压力。

3）当 3YA、1YA 通电时，系统压力油经过：

进油路：液压泵 15→减压阀 7→电磁换向阀 2（右位）→电磁换向阀 1（左位）→
液压缸右腔→活塞杆，使活塞杆左移，卡盘夹紧。

回油路：液压缸左腔→换向阀 1（左位）→油箱。

4）当 3YA、2YA 通电时，系统压力油经过：

进油路：液压泵 15→减压阀 7→电磁换向阀 2（右位）→电磁换向阀 1（右位）→
液压缸左腔→活塞杆，使活塞杆右移，卡盘松开。

回油路：液压缸右腔→电磁换向阀 1（右位）→油箱。

2. 回转刀架动作

回转刀架换刀时，刀盘松开之后刀盘就转位到指定的刀位，最后使刀盘复位夹紧。刀盘的夹紧与松开由电磁换向阀 4 控制，其正反转由电磁换向阀 3 控制，其旋转速度分别由单向调速阀 9、10 调整。

1）当 4YA 通电时，电磁换向阀 4 右位工作，刀盘松开。系统压力油经过：

进油路：液压泵 15→电磁换向阀 4（右位）→液压缸下腔→活塞杆，使活塞杆上移，
刀盘松开。

回油路：液压缸上腔→电磁换向阀 4（右位）→油箱。

2）当 8YA、4YA 通电时，系统压力油经过：

进油路：液压泵 15→电磁换向阀 3（左位）→调速阀 9→液压马达，使刀架正转。

回油路：液压马达→调速阀 10（单向阀）→油箱。

3）当 7YA、4YA 通电时，系统压力油经过：

进油路：液压泵 15→电磁换向阀 3（右位）→调速阀 10→液压马达，使刀架反转。

回油路：液压马达→调速阀 9（单向阀）→油箱。

4）当 4YA 断电时，电磁换向阀 4 左位工作，刀盘夹紧。系统压力油经过：

进油路：液压泵 15→电磁换向阀 4（左位）→液压缸上腔→活塞杆，使活塞杆下移，
刀盘夹紧。

回油路：液压缸下腔→电磁换向阀 4（左位）→油箱。

3. 尾座套筒伸缩动作

尾座套筒的伸出与退回由电磁换向阀 5 控制。

1）当 6YA 通电时，液压缸左腔使套筒伸出。系统压力油经过：

进油路：液压泵 15→减压阀 8→电磁换向阀 5（左位）→液压缸套筒伸出。

回油路：液压缸→单向调速阀 11→电磁换向阀 5（左位）→油箱。

2）当 5YA 通电时，系统压力油经过：

进油路：液压泵 15→减压阀 8→电磁换向阀 5（右位）→单向调速阀 11→
液压缸套筒退回。

回油路：液压缸左腔→电磁换向阀 5（右位）→油箱。

二、MJ-50 数控车床电磁铁动作顺序表（表 7-1）

表 7-1 电磁铁动作顺序表

动作 电磁铁			1YA	2YA	3YA	4YA	5YA	6YA	7YA	8YA
卡盘正卡	高压	夹紧	+	−	−					
		松开	−	+	−					
	低压	夹紧	+	−	+					
		松开	−	+	−					
卡盘反卡	高压	夹紧	−	+	−					
		松开	+	−	−					
	低压	夹紧	−	+	+					
		松开	+	−	−					
回转刀架		正转								
		反转								
刀盘		松开				+				
		夹紧				−				
尾座套筒		伸出					−			
		退回					+			

三、MJ-50 数控车床液压系统应用特点

1）采用单向变量液压泵向系统供油，能量损失小。

2）采用换向阀控制卡盘，实现高压夹紧和低压夹紧的转换，并且可分别调节高压夹紧或低压夹紧压力的大小。这样可根据工件情况调节夹紧力，操作方便简单。

3）用液压马达实现刀架的转位，可实现无级调速并能控制刀架正、反转。

4）用换向阀控制尾座套筒液压缸换向，实现套筒的伸出或缩回，并能调节尾座套筒伸出工作时的预紧力，适应不同的工件需要。

5）压力计可分别显示系统相应处的压力，便于故障诊断和调节。

一、认识组合机床及动力滑台

组合机床是由一些通用和专用部件组合而成的专用机床，如图 7-2 所示。动力滑台是组合机床上实现进给运动的一种通用部件。根据工艺要求，在滑台面上配上动力头和主轴箱可以对工件完成各种孔加工、端面加工等，可实现钻、扩、铰、镗、刮端面、铣削、倒角及攻螺纹等加工。动力滑台有机械滑台和液压滑台之分，液压动力滑台靠液压缸驱动，要求切削时速度低而平稳，空行程进退速度快，速度换接平稳，功率利用合理，效率高，发热小。

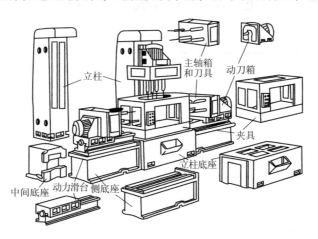

图 7-2　组合机床结构分解图

二、动力滑台液压系统分析

图 7-3 所示为液压动力滑台工作循环示意图。可实现多种工作循环，比较典型的工作循环是："定位夹紧→快进→工进→二工进→止位钉停留→快退→原位停止"。在阅读和分析液压系统图时，可参阅电磁铁和行程阀工作顺序表。

三、识读动力滑台液压系统图

该系统采用限压式变量泵供油，变量泵与进油路的调速阀组成容积节流调速回路，用电液换向阀控制液压系统的主油路换向，用行程阀实现快进和工进的速度换接。

1. 快速前进

快进时系统压力低，液控顺序阀 7 关闭，液压泵 3 输出最大流量。按下起动按钮，电磁铁 1YA 通电，电磁换向阀 9 和液动换向阀 5 左位接入系统，形成差动连接。

1）控制油路为：

进油路：液压泵 3→电磁换向阀 9 左位→单向阀 11 左→液动换向阀 5 左位。

回油路：液动换向阀 5 右位→节流阀 10（右）→电磁换向阀 9 左位→油箱。

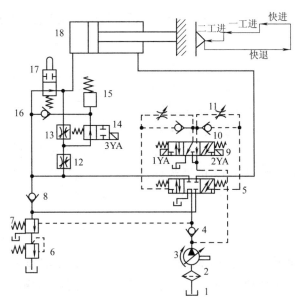

图 7-3　动力滑台液压系统图

1—油箱
2—过滤器
3—液压泵
4、8、11、16—单向阀
5—液动换向阀
6—背压阀
7—液控顺序阀
9、14—电磁换向阀
10—节流阀
12、13—调速阀
15—压力继电器
17—行程阀
18—液压缸

2）主油路为：

　　进油路：液压泵 3→单向阀 4→液动换向阀 5 左位→行程阀 17→液压缸 18 左腔。

　　回油路：液压缸 18 右腔→液动换向阀 5 左位→单向阀 8→差动快进。

这时液压缸两腔连通，滑台差动快进。节流阀调节液动换向阀阀芯移动的速度，也就调节了主换向阀的换向时间，以减小换向冲击。

2. 第一次工作进给

如图 7-4 所示，当滑台快进终了时，滑台上的挡块压下行程阀 17，切断液动换向阀 5 快速运动的进油。其控制油路不变，而主油路中，压力油只能通过调速阀 12 和电磁换向阀 14 左位进入液压缸左腔。由于油液流经调速阀而使系统压力升高，液控顺序阀 7 开启，单项阀 8 关闭，液压缸 18 右腔的回油经液控顺序阀 7 和背压阀 6 回油箱。同时泵的流量也自动减小，滑台实现由调速阀 12 调速的第一次工作进给。

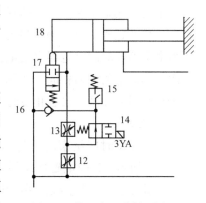

图 7-4　第一次工进循环图

1）控制油路为：

　　进油路：液压泵 3→电磁换向阀 9 左位→单向阀 11 左位→液动换向阀 5 左位。

　　回油路：液动换向阀 5 右位→节流阀 10 右位→电磁换向阀 9 左位→油箱。

2）主油路为：

　　进油路：液压泵 3→单向阀 4→液动换向阀 5 左位→调速阀 12→电磁换向阀
　　　　　　14 左位→液压缸 18 左腔。

　　回油路：液压缸 18 右腔→液动换向阀 5 左位→顺序阀 7→背压阀 6→油箱。

该液压系统采用限压式变量叶片泵供油，用电液换向阀换向，用行程阀实现快慢速度转换，用串联调速阀实现两次工进速度的转换，只有一个单杆活塞缸的中压系统，其最高工作压力不大于 6.3MPa。

3. 第二次工作进给

第二次工作进给与第一次工作进给时的控制油路和主油路的回油路相同，所不同的是当第一次工作进给终了，挡块压下行程开关，使电磁铁 3YA 通电，换向阀 14 右位接入系统（图 7-5 所示），使其油路关闭，压力油必须经过 12 和 13 进入液压缸左腔。这时由于调速阀 13 的通流面积比调速阀 12 小，因而滑台实现由调速阀 13 调速的第二次工作进给。

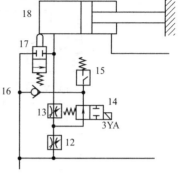

图 7-5　第二次工进循环图

1）控制油路为：

进油路：液压泵 3→电磁换向阀 9 左位→单向阀 11（左）→液动换向阀 5 左位。

回油路：液动换向阀 5 右位→节流阀 10（右）→电磁换向阀 9 左位→油箱。

2）主油路为：

进油路：液压泵 3→单向阀 4→换向阀 5 左位→调速阀 12→调速阀 13→液压缸 18 左腔。

回油路：液压缸 18 右腔→液动换向阀 5 左位→顺序阀 7→背压阀 6→油箱。

4. 止位钉停留

滑台完成第二次工作进给后，液压缸碰到滑台座前段的止位钉（可调节滑台行程的螺钉）后停止运动。这时液压缸左腔压力升高，当压力升高到压力继电器 15 的开启压力时，压力继电器向时间继电器发出电信号，由时间继电器延时控制滑台停留时间。此时油路与第二次工作进给的油路相同，实际上系统内油液已经停止流动，液压泵的流量已减至很小，仅用于补充泄漏油液。设置止位钉可提高滑台工作终点的位置精度及实现压力控制。

5. 快退

滑台停留时间结束时，时间继电器发出信号，使电磁铁 2YA 通电，1YA、3YA 断电。如图 7-6 所示，这时电磁换向阀 9 右位接入系统，液动换向阀 5 也换为右位工作，主油路换向。因滑台返回时为空载，系统压力低，变量泵的流量自动恢复到最大值，故滑台快速退回。

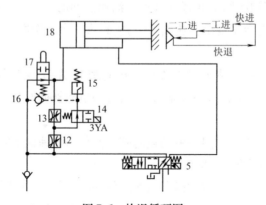

图 7-6　快退循环图

1）控制油路为：

进油路：液压泵 3→电磁换向阀 9 右位→单向阀 11（右）→液动换向阀 5 右位。

回油路：液动换向阀 5 左位→节流阀 10（左）→电磁换向阀 9 右位→油箱。

2）主油路为：

进油路：液压泵 3→单向阀 4→液动换向阀 5 右位→液压缸 18 右腔。

回油路：液压缸 18 左腔→单向阀 16→液动换向阀 5 右位→油箱。

当滑台退至第一次工进起点位置时，行程阀 17 复位。由于液压缸 18 无杆腔活塞有效面积为有杆腔有效面积的两倍，故快退速度与快进速度基本相等。

6. 原位停止

当滑台快速退回到其原始位置时，挡块压下原位行程开关，使电磁铁 2YA 断电，电磁换向阀 9 恢复中位，液动换向阀 5 恢复中位，液压缸两腔的油路被封闭，滑台被锁紧在起始位置上，这时液压泵经单向阀 2 及换向阀 3 的中位卸荷。

其主油路为：

进油路：液压泵 1→单向阀 4→液动换向阀 5 中位→油箱。

回油路：液动换向阀 5 左位→节流阀 11（左）→电磁换向阀 9 中位→油箱。

单向阀 4 的作用是使滑台原位停止时，控制油路仍保持一定的控制压力，以便能迅速起动。

四、动力滑台电磁铁和行程阀动作顺序表（表7-2）

表7-2 电磁铁和行程阀动作顺序表

液压缸动作循环	信号来源	电磁铁			行程阀 11	压力继电器 12
		1YA	2YA	3YA		
快进	起动按钮	+	−	−	导通	−
一工进	挡块压行程阀	+	−	−	切断	−
二工进	挡块压行程开关	+	−	+	切断	−
止位钉停留	止位钉、压力继电器	+	−	+	切断	+
快退	时间继电器	−	+	−	切断导通	−
原位停止	挡块压终点开关	−	−	−	导通	−

五、动力滑台液压系统的应用特点

1. 采用容积节流调速回路

本系统为采用限压式变量泵和调速阀组成容积节流调速系统。用变量泵供油可使空载时获得快速，工进时负载增加，泵的流量会自动减小且无溢流损失，功率使用合理。把调速阀装在进油路上，可保证低速稳定性与较大的调速范围及较高的效率。也便于利用压力继电器发信号实现动作顺序的自动控制。回油路上加背压阀，能防止负载突然减小时产生前冲现象，并能使工进速度平稳。

2. 采用电液换向阀的换向回路

采用反应灵敏的小规格电磁换向阀作为先导阀，控制大流量的液动换向阀，实现主油路的换向，发挥了电液联合控制的优点。由于液动换向阀阀芯移动速度可由节流阀调节，改善和提高了换向性能。

3. 采用差动连接的快速回路

采用限压式变量泵并在快进时采用差动连接。主换向阀采用了三位五通阀，换向阀左位工作时能使缸右腔的回油返回缸的左腔，实现差动快进。不仅使快进速度和快退速度相同，而且比不采用差动连接的流量减小一半，能量得到合理利用，系统效率进一步提高，这种回路简便可靠。

4. 采用行程阀控制的速度转换回路

采用行程阀和液控顺序阀来实现快进与工进的转换，比采用电磁阀的电路简化，而且使速度转换动作可靠，转换精度也较高。采用两个串联的调整阀及用行程开关控制的电磁换向阀实现工进速度的转换，由于进给速度较低，能保证换接精度和平稳性的要求。系统起动和进给速度转换时冲击小，便于利用压力继电器发出信号进行自动控制。

5. 采用压力继电器控制的动作顺序

滑台工进结束时液压缸碰到止位钉时，缸内工作压力升高，采用压力继电器发信号，使滑台反向退回方便可靠，止位钉的采用还能提高滑台工进结束时的位置精度及进行刮端面、锪孔、镗台阶孔等工序的加工。

任务2　液压设备故障诊断与排除

 **任务导读**

液压设备是机械、液压、电气等装置的组合体。液压设备产生的故障多种多样，这些故障有的是由某一液压元件失灵引起的，有的是由系统中多个液压元件综合因素引起的，还有的是因液压油被污染造成的。即使同一种故障现象，产生故障的原因也可能不一样。分析液压系统故障，必须对引起故障的因素逐一分析，注意其内在联系，找出主要矛盾才能比较容易解决。一般情况，任何故障在演变成大故障之前都有种种不正常的征兆，应通过日常检查和定期检查等，准确判断故障，发现故障并排除故障。

技能操作

活动1　压模机的液压故障与排除

一、故障现象

工件不能被推出。

二、阅读压模机液压原理图

图7-7所示为压模机结构示意图，工件成形与推出，分别由A缸和B缸实施。图7-8所

示为压模机推出机构的液压系统图。阅读液压系统图可知，压模机上安装了单作用液压缸6，并采取_____换向。液压缸活塞杆从伸出到回缩都由换向阀直接控制而不需关闭液压源。对于液压缸活塞杆处于伸出状态并有外负载作用下，必须安装单向阀2，防止_____
_____。活塞杆依靠压力油而上升，靠缸活塞本身的重量回程。溢流阀3的作用是_____。压力表4显示_____的压力。

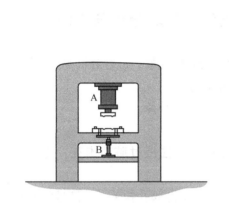

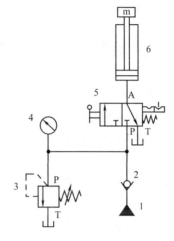

图 7-7　压模机结构示意图　　　　图7-8　压模机推出机构液压系统图

三、压模机液压故障诊断

液压系统不正常工作，可归结为压力、流量和方向三大原因。查找故障原因有多种方法，如简易故障诊断法、原理图分析法和逻辑分析法等。

1. 常用的故障诊断方法

（1）液压原理图分析法　此方法是目前技术人员最普遍采用的方法，它要求人们对液压知识具有一定基础并能看懂液压系统图。掌握各元件名称、功能及图形符号，对元件的结构和原理有一定了解，在此基础上结合动作循环表对照分析，判断故障就容易了。

（2）液压系统逻辑分析法　此方法是指根据液压系统基本原理进行逻辑分析，减少怀疑对象，逐渐逼近，找出故障发生部位的方法。这种方法切实有效，能够在很短时间内确定故障的位置，但是对维修人员的技术水平要求高，在看懂液压系统图，对元件结构和性能了解之后，并能熟练地使用各种检测仪器。

（3）简易故障诊断法　此方法是依靠维修人员的个人经验，再利用简单仪表，客观地采用询问设备运行状况，观看设备实际工作，听液压系统的声音，触摸设备发热程度等方法了解系统工作情况。依据液压系统出现的故障，确定产生故障的原因和部位。

2. 压模机的故障分析

根据工作要求和液压系统图分析，工件不能被推出是因为活塞杆不能上升。首先从液压系统的方向控制和压力控制进行初步判断，查找出现故障的液压元件，最后对发生故障的元件进行修理或更换。

1) 活塞与缸筒密封摩擦阻力大，活塞不能上升也不能下降。

2) 换向阀不能换向，活塞不能上升或不能下降。

3) 溢流阀压力上不去，活塞不能上升。

4) 运动部件重量太轻，活塞不能下降。

5) 溢流阀失灵，油液溢流，活塞不能上升。

6) 根据上述故障原因，维修或更换相应液压元件。

活动 2　动力滑台液压系统故障分析与排除

应用所学故障诊断方法，提出几种可能发生的故障现象，进行分析并排除故障。

故障一：滑台能向前运动但到达终点后不能快速退回。

1) 压力继电器 15 及所控制的时间继电器的电路有故障。

2) 电磁铁 2YA 有故障。

3) 电液换向阀的先导阀阀芯因配合间隙过小或油液过脏而卡死，先导阀对中弹簧太硬。

4) 电液换向阀的液动阀阀芯因配合间隙过小、阀芯阀孔拉毛、油液过脏等而卡死。

5) 电液换向阀的左节流阀关闭或堵塞。

6) 压力继电器 15 的动作压力调整过高或泵截止压力调节过低。

故障二：滑台工进时推力不足或根本无输出力。

1) 泵截止压力调节过低。

2) 液控顺序阀的调定压力过高，工进时未断开液压缸的差动连接。

3) 调速阀的节流口被堵死。

4) 调速阀的定差减压阀工作不正常或在关闭位置卡死。

5) 液压缸内密封件损坏和老化，失去密封作用而使两腔相通。

6) 背压阀的背压力调节过高。

故障三：滑台换向时产生冲击的原因。

1) 电磁换向阀的换向时间调得太短。

2) 电磁换向阀的节流阀结构不良，调节性能差。

3) 电磁换向阀的节流阀时堵时通。

4) 电磁换向阀的单向阀密封性不良。

5) 系统压力太高。

活动 3　液压系统常见故障分析及排除方法

液压系统常见故障分析及排除方法见表 7-3 ～ 表 7-7。

表7-3　系统无压力或压力提不高的原因及排除方法

序号	故障部位	故障原因	故障排除方法
1	液压泵	(1) 液压泵转向错误 (2) 泵体或配油盘缺陷, 吸压油腔互通 (3) 零件磨损, 间隙过大, 泄漏严重 (4) 油面太低, 液压泵吸空气 (5) 吸油管路不严, 造成进油吸空气 (6) 压油管路密封不严, 造成泄漏	(1) 改变转向 (2) 更换零件 (3) 修复或更换零件 (4) 补加油液 (5) 拧紧接头, 检查管路, 加强密封 (6) 拧紧接头, 检查管路, 加强密封
2	溢流阀	(1) 弹簧疲劳变形或折断 (2) 滑阀在开口位置卡住, 无法建立压力 (3) 锥阀或钢球与阀座密封不严 (4) 阻尼孔堵塞 (5) 遥控口误接回油箱	(1) 更换弹簧 (2) 修研滑阀使其移动灵活 (3) 更换锥阀或钢球, 配研阀座 (4) 清洗阻尼孔 (5) 截断通油箱的油路
3	液压缸	液压缸高低压腔相通	修配活塞, 更换密封件
4	液压油	(1) 油液粘度过低, 加剧系统泄漏 (2) 温度过高, 降低了油液粘度	(1) 提高油液粘度 (2) 查明发热原因, 采取相应措施或散热
5	压力表	压力表损坏失灵造成无压现象	更换压力表
6	其他	(1) 系统中某些阀卸荷 (2) 系统严重泄漏	(1) 查明卸荷原因, 采取相应措施 (2) 加强密封, 防止泄漏

表7-4　运动部件产生爬行的原因及排除方法

序号	故障部位	故障原因	故障排除方法
1	液压缸	(1) 活塞式液压缸端盖密封圈压得太死 (2) 液压缸中进入空气, 未排净	(1) 调整压盖螺钉 (2) 利用排气装置排气
2	控制阀	流量阀的节流口有污物, 通油量不均匀	检修或清洗流量阀
3	导轨	(1) 接触精度不好, 摩擦力不均匀 (2) 润滑油不足或选用不当 (3) 温度高使油粘度小, 油膜破坏	(1) 检修导轨 (2) 调节润滑油量, 选用合适的润滑油 (3) 检查油温高的原因并排除
4	混入空气	(1) 油面过低, 吸油不畅 (2) 过滤器堵塞 (3) 吸、排油管相距太近	(1) 补加油液 (2) 清洗过滤器 (3) 将吸、排油管远离设置

表7-5　液压冲击的原因及排除方法

序号	故障部位	故障原因	故障排除方法
1	压力阀	(1) 工作压力调得太高 (2) 溢流阀发生故障, 压力突然升高 (3) 背压阀压力过低	(1) 调整压力阀, 适当降低工作压力 (2) 排除溢流阀故障 (3) 适当提高背压

（续）

序号	故障部位	故障原因	故障排除方法
2	液压缸	（1）运动速度过快，没设置缓冲装置 （2）缓冲装置中单向阀失灵 （3）液压缸与运动部件连接不牢固 （4）液压缸缓冲柱塞锥度太小，间隙小 （5）缓冲柱塞严重磨损，间隙过大	（1）设置缓冲装置 （2）检修单向阀 （3）紧固联接螺栓 （4）按要求修理缓冲柱塞 （5）配制缓冲柱塞或活塞
3	换向阀	（1）电液换向阀中的节流螺钉松动 （2）电液换向阀中的单向阀卡住或密封不良 （3）滑阀运动不灵活	（1）调整节流螺钉 （2）修研单向阀 （3）修配滑阀
4	混入空气	（1）系统密封不严，吸入空气 （2）停机时执行元件油液流失 （3）液压泵吸空气	（1）加强密封 （2）回油管路设置单向阀或背压阀，防止元件油液流失 （3）加强吸油管路密封，补足油液
5	没有设置背压阀		设置背压阀或节流阀使回油产生背压
6	垂直运动的液压缸下腔没采取平衡措施		设置平衡阀，平衡重力作用所产生冲击

表 7-6　液压系统泄漏的原因及排除方法

序号	故障现象	故障原因	故障排除方法
1	油温过高	（1）液压系统设计不合理，压力损失大，效率低 （2）压力调整不当，压力偏高 （3）泄漏严重造成容积损失 （4）管路细长且弯曲，造成压力损失 （5）相对运动零件的摩擦力过大 （6）油液粘度大 （7）油箱容积小，散热条件差 （8）由外界热源引起温升	（1）改进设计，采用变量泵或卸荷措施 （2）合理调整系统压力 （3）加强密封 （4）加大管径，缩短管路，使油液流动通畅 （5）提高零件加工装配精度，减小摩擦力 （6）选用粘度低的油液 （7）增大油箱容积，改善散热条件 （8）隔绝热源
2	泄漏	（1）密封件损坏或装反 （2）管接头松动 （3）单向阀钢球不圆，阀座损坏 （4）相互运动表面间隙过大 （5）某些零件磨损 （6）某些铸件有气孔、砂眼等缺陷 （7）压力调整过高 （8）油液粘度太低 （9）工作温度太高	（1）更换密封件，改正安装方向 （2）拧紧管接头 （3）更换钢球，配研阀座 （4）更换某些零件，减小配合间隙 （5）更换磨损的零件 （6）更换铸件或修补缺陷 （7）降低工作压力 （8）选用粘度较高的油液 （9）降低工作温度或采取冷却措施

表 7-7 系统产生噪声和振动的原因及排除方法

序号	故障现象	故障原因	故障排除方法
1	换向阀	(1) 电磁铁吸不紧 (2) 阀芯卡住 (3) 电磁铁焊接不良 (4) 弹簧损坏或过硬	(1) 修理电磁铁 (2) 清洗或修整阀体和阀芯 (3) 重新焊接 (4) 更换弹簧
2	液压泵	(1) 油液不足, 造成吸空气 (2) 液压泵位置太高 (3) 吸油管道密封不严, 吸入空气 (4) 油液粘度太大, 吸油困难 (5) 工作温度太低 (6) 吸油管截面太小 (7) 过滤器堵塞, 吸油不畅 (8) 吸油管浸入油面太浅 (9) 液压泵转速太高 (10) 泵轴与电动机轴不同轴 (11) 联轴器松动 (12) 液压泵制造装配精度太低 (13) 液压泵零件磨损 (14) 液压泵脉动太大	(1) 补足油液 (2) 调整液压泵吸油高度 (3) 加强吸油管道的密封 (4) 更换液压油 (5) 提高工作温度, 油箱加热 (6) 增大吸油管直径或将吸油管口斜切 45°, 以增加吸油面积 (7) 清洗过滤器 (8) 将吸油管浸入油箱 2/3 处 (9) 选择适当的转速 (10) 重新安装调整或更换弹性联轴器 (11) 拧紧联轴器 (12) 更换精度差的零件, 重新安装 (13) 更换磨损件 (14) 更换脉动小的液压泵
3	管路	(1) 管路直径太小 (2) 管路过长或弯曲过多 (3) 管路与阀产生共振	(1) 加大管路直径 (2) 改变管路布局 (3) 改变管路长度
4	溢流阀	(1) 阀座磨损 (2) 阻尼孔堵塞 (3) 阀心与阀体间隙过大 (4) 弹簧疲劳或损坏, 使阀移动不灵活 (5) 阀体拉毛或污物卡住阀芯 (6) 实际流量超过额定值 (7) 与其他元件发生共振	(1) 修复阀座 (2) 清洗阻尼孔 (3) 更换阀芯, 重配间隙 (4) 更换弹簧 (5) 去除毛刺, 清洗污物, 使阀芯移动灵活 (6) 选用流量较大的溢流阀 (7) 调整压力, 避免共振或改变振动系统的固有振动频率
5	由冲击引起振动和噪声		见表 7-5 中液压冲击的原因及排除方法
6	由外界振动引起液压系统振动		采取隔振措施
7	电动机、液压泵转动引起振动和噪声		采取缓振措施
8	液压缸密封过紧或加工装配误差运动阻力大		适当调整密封松紧, 更换不合格零件, 装配
9	蓄能器充气压力不够		给蓄能器充气

评价反馈

填写学习效果自评表 (表 7-8)。

表7-8 学习效果自评表

序 号	内 容	分 值	得 分	备 注
1	叙述阅读液压系统图的方法	20		
2	指出常用的故障诊断方法	20		
3	说出调整动力滑台运动速度的方法	10		
4	说明数控车床液压系统的应用特点	20		
5	指出五种常用的液压基本回路	10		
6	说出液压系统常见的故障有哪些	20		

📖 **项目考核** ▪▪▪

一、判断

1. 一个复杂的液压系统是由液压泵、液压缸和各种控制阀等基本回路组成的。 （   ）

2. 换向回路、卸荷回路等都是速度控制回路。 （   ）

二、选择

1. 以下属于方向控制回路的是(   )。

A. 换向和闭锁回路   B. 调压和卸载回路

C. 节流调速回路和速度换接回路

2. 以下不是速度控制回路的是(   )。

A. 节流调速回路   B. 速度换接回路

C. 闭锁回路

3. 以下不属于压力控制回路的是(   )。

A. 调压回路   B. 速度换接回路   C. 卸荷回路

4. 以下关于卸荷回路的论述，正确的是(   )。

A. 可节省动力消耗，减小系统发热，延长液压泵使用寿命

B. 可采用滑阀机能为"O 型"或"M 型"的换向阀来实现

C. 可使用控制系统获得较低的工作压力

D. 不可用换向阀来实现卸荷

5. 如果个别元件需得到比系统油压高得多的压力时，可采用(   )。

A. 调压回路   B. 减压回路   C. 增压回路   D. 无法判断

三、叙述题

图7-3 所示的组合机床动力滑台液压系统由哪些基本回路组成？如何实现差动连接？采用行程阀进行快慢速切换有何特点？

四、读图回答问题

1. 说明图7-9 所示液压系统中，各组成元件的名称和作用。

2. 填写工作循环的电磁铁动作顺序表（表7-9）。

表7-9 电磁铁动作顺序表

液压缸动作循环	电磁铁			
	1YA	2YA	3YA	4YA
快进				
中速进给				
慢速进给				
快退				
停止				

五、读图回答问题

图7-10所示为压力机液压系统图。压力机能实现"快进→慢进→保压→快退→停止"的动作循环。试读懂系统图，写出压力机实现"快进→慢进→保压→快退→停止"动作循环的油液流动路线，并说明此液压系统的工作特点。

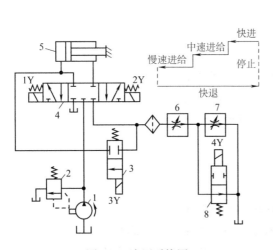

图7-9 液压系统图

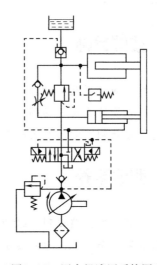

图7-10 压力机液压系统图

项目八　气源装置和气动辅助元件

 知识目标

1) 了解常用空压机的类型。
2) 熟悉气源装置的组成、图形符号及工作原理。
3) 熟悉气动辅助元件的类型、特点、图形符号及作用。

 技能目标

1) 掌握气源装置及气动辅助元件的安装、调试方法。
2) 掌握气源装置及气动辅助元件在系统中的应用。
3) 能够分析判断空压机故障及其产生原因。

 职业素养

1) 读书有三到，谓心到、眼到、口到。——朱熹
2) 勿以恶小而为之，勿以善小而不为。——陈寿《三国志》
3) 天才就是百分之九十九的汗水加百分之一的灵感。——爱迪生

想一想、议一议

1) 气压传动相对于电气传动和液压传动具有哪些优点和缺点？

2) 打气筒属于什么气动元件？其工作原理是怎样的？

3) 压缩空气站的净化流程有哪些？

任务1 认识空气压缩机

 **任务导读**

　　气源装置是用来产生具有足够压力和流量的压缩空气并将其净化、处理及储存的一套装置。第一步就是产生压缩空气，即利用空气压缩机将大气中的自由空气压缩。空气压缩机简称空压机，是将机械能转变为气压能的能量转换装置，是气动系统的动力源。图8-1所示为空气压缩机实物图。本任务主要是学习空压机的工作原理、类型、应用及故障排除。

图8-1　空气压缩机实物图

知识准备

一、气压传动概述

　　气压传动是以气体（压缩空气）为工作介质进行能量传递和控制的一种传动技术。气动技术的应用领域已从汽车、采矿、钢铁、机械等行业迅速扩展到化工、轻工、食品、军事等行业。现代气动控制技术以提高系统可靠性、降低总成本为目标，与机械、液压、电气、PLC等技术结合，广泛应用于高效率的自动化及半自动化生产过程，是实现工业自动化的一种重要技术手段。显然，气动元件当前发展的特点和研究方向主要是节能化、小型化、轻量化、位置控制的高精度化及与电子学相结合的综合控制技术。

　　气动系统在现代生产和生活中应用广泛，系统中各气动回路是由动力元件、执行元件、控制元件和辅助元件组成的，传输介质是压缩空气。

二、气压传动的工作原理和优缺点

1. 气压传动的工作原理

　　气压传动的工作原理与液压传动相同。在前面我们已经详细介绍过液压传动的工作原理，在此不再赘述。

2. 气压传动的优点

　　虽然气压传动与液压传动原理相同，但毕竟工作介质不同，因此与液压传动、电气传动相比有自身的一些特点。

　　（1）气压传动与液压传动相比，具有的优点

　　1）空气可以从大气中取得，而且取之不竭，无介质费用和供应上的困难，且空气的性质稳定，在高温下能可靠地工作，不会发生燃烧或爆炸。温度变化时，对空气的粘度影响极小，故不会影响传动性能。将用过的气体排入大气，处理方便。泄漏不会严重影响工作，不会污染环境。

　　2）空气的粘性很小（约为液压油的1/10000），在管路中的阻力损失远小于液压传动系

统，宜于远程传输及控制。

3）工作压力低，元件的材料和制造精度低，成本低，具有过载保护功能。

4）维护简单，使用安全，气动控制系统特别适用于无线电元器件的生产过程，也适用于食品及医药的生产过程。

5）气动元件可以根据不同场合，采用相应材料，使元件能够在恶劣的环境（强振动、强冲击、强腐蚀和强辐射等）下正常工作。

6）气动元件可靠性高，寿命长，可运行 2000 至 4000 万次。而电气元件一般可运行几百万次。

（2）气压传动与电气、液压传动相比，具有的缺点

1）气压传动装置的信号传递速度限制在声速（约 340m/s）范围内，所以它的工作频率和响应速度远不如电子装置，并且信号会产生较大的失真和延滞，也不便于构成较复杂的回路，但这个缺点对工业生产过程不会造成困难。

2）空气的压缩性远大于液压油的压缩性，因此在动作的响应能力、工作速度的平稳性方面不如液压传动。

3）气压传动系统工作压力低，输出力小，且传动效率低。

4）气压传动系统噪声大。

三、空气压缩机

1. 空气压缩机的作用

空气压缩机（简称空压机）的作用是将电能转换成压缩空气的压力能，供气动机械使用。

2. 空压机的分类

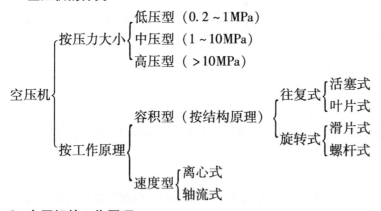

3. 空压机的工作原理

气动系统中最常用的空压机形式是活塞式空压机。图 8-2 所示为单级活塞式空压机的工作原理图。当活塞向右移动时，气缸内活塞左腔的压力低于大气压力，吸气阀开启，外界空气进入缸内，这个过程称为"吸气过程"。当活塞向左移动时，缸内气体被压缩，这个过程称为"压缩过程"。当缸内压力高于输出管道内压力后，排气阀被打开，压缩空气输送至管道内，这个过程称为"排气过程"。活塞的往复运动是由电动机带动曲柄转动，通过连杆带动滑块在滑道内移动，这样活塞杆便带动活塞作直线往复运动。

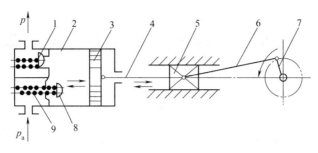

图 8-2　单级活塞式空压机的工作原理图

1—排气阀　2—气缸　3—活塞　4—活塞杆　5—滑块　6—连杆　7—曲柄　8—吸气阀　9—阀门弹簧

图 8-2 所示的单级活塞式空压机，常用于需要 0.3～0.7MPa 压力范围的系统。单级空压机压力过高时，产生的热量太大，空压机工作效率太低，常使用两级活塞式空压机。若最终压力为 1.0MPa，则第一级通常压缩到 0.3MPa。设置中间冷却器是为了降低第一级压缩空气出口的温度，以提高空压机的工作效率。活塞式空压机的功率为 2.2kW 和 7.5kW 时，其出口空气温度在 70℃左右；功率在 15kW 或以上时，其出口空气温度在 180℃左右。

 技能操作

活动 1　空压机的使用

1）在起动空压机前，要对其进行一些检查，以排除故障隐患。起动前的检查主要有电源电压检查和油位检查，见表 8-1。

表 8-1　空压机电源电压检查和油位检查

项目	内　　容
电源电压检查	电源电压的波动范围要求为 ±5%
油位检查	油位一般在油标高度的 1/3～2/3 为宜。低于油标高度的 1/3 时，应及时添加经过滤的同牌号润滑油

2）空压机的运动部件因缺少润滑油会发生干摩擦，使各部件不同程度地受到损伤，所以润滑油是不可缺少的。润滑油应选择高质量的专用润滑油。长期工作后，润滑油内会含有杂质、灰尘等，因此还要进行过滤。一般来说，每 500～800h 应更换一次润滑油，并对前一次使用的润滑油进行过滤。

3）空压机在起动、工作和停车时应完成的工作内容见表 8-2。

表 8-2　空压机在起动、工作和停车时应完成的工作内容

项目	内　　容
起动时	注意听机器运转声，在机器运转 1～2min 后，观察压力和振动有无异常情况
工作时	注意机器的运转指标是否正常，如排气量、振动、噪声等；气罐和后冷却器的油水应定期排放，以防沉积的油水被压缩空气带走
停车后	切断电源，停止空压机运转，待机器冷却后，将气罐底部的排水阀打开并放出污水，关闭冷却水，打扫卫生

活动2 空压机的常见故障及其排除方法（表8-3）

表8-3 空压机的常见故障及其排除方法

故障现象	产生原因	排除方法
起动不良	排气单向阀泄露 压力开关失灵 排气阀损坏 电动机单相运转 低温起动 熔丝熔断	拆卸、检查并清洗阀门 更换 拆卸更换 修理、测量电源电压 保温、使用低温用润滑油 更换
运转声音异常	阀损坏 炭粒堆积 轴承磨损 带打滑	拆卸、清洗、更换 拆卸、清洗 拆卸、检查、更换 调整张力
压缩不足	阀动作失灵 活塞环咬紧缸筒 气缸磨损 压力计抖动 吸气过滤器阻塞	拆卸、检查 拆卸、检查、清洗 拆卸、更换 调整或更换 清扫或更换
润滑油消耗过量	压缩机倾斜 润滑油管理不善 吸入粉尘	修正位置 定期补油、换油 检查吸气过滤器
凝液排出	气罐内凝液忘记排出	定期排放凝液
润滑油白浊	曲柄室内结露	移至低温场所

活动3 空压机操作训练

1）练习空压机起动前的检查。检查电源电压和油位，记录相关数值。

2）正确起动空压机。观察进气阀、排气阀的状态，记录实验现象并说明。

3）正确关停空压机。先切断电源，停止空压机运转，待机器冷却后，将气罐底部的排水阀打开并放出污水，关闭冷却水。

注意观察空压机起动、停止和使用操作中出现的现象，将收获填入表8-4。

表8-4 观察空压机起动、停止和使用操作的收获

序号	项 目	内 容
1	起动空压机前的注意事项	
2	空压机在使用前应该检查什么	

（续）

序号	项　　目	内　　容
3	空压机工作时，进气阀、排气阀的状态	
4	空压机停机操作步骤	

任务2　气源净化装置

任务导读

在气压传动中，空气压缩机排出的压缩空气温度高达140～170℃，空气中的水分和部分润滑油变成气态，再与吸入的灰尘混合，便形成了水汽、油汽和灰尘等混合杂质。这些杂质若进入气动系统，会造成管路堵塞和锈蚀，加速元件的磨损，泄漏增加，缩短使用寿命。水汽和油汽还会使气动元件的膜片和橡胶密封件老化和失效。因此必须设置气源净化装置，以提高压缩空气的质量。本任务就是重点介绍除水、除油、除尘和干燥等气源净化装置。

知识准备

一、了解压缩空气的净化流程

图8-3所示为压缩空气站净化流程示意图。净化流程为：冷却—除水、除油（初步净化）—储存—干燥。气源净化装置对保证气动系统的正常工作是十分重要的。在某些特殊场合，压缩空气还需要经过多次净化后方能使用。

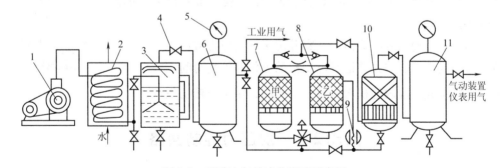

图8-3　压缩空气站净化流程示意图

1—压缩机　2—后冷却器　3—分离器　4—二通阀　5—压力表　6、11—气罐　7、8—干燥器　9—加热器　10—过滤器

二、气动基本回路

（1）气动基本回路的概念　由气动元件组成的用来完成特定功能的典型回路。熟悉常用的基本回路是分析和安装调试、使用维修气压传动系统的必要基础。

（2）气动基本回路的类型　方向控制回路、压力控制回路、速度控制回路等。

（3）压力控制回路

1）压力控制回路的功能：使系统保持在某一规定的压力范围内。

2）压力控制回路的类型：一次压力控制回路、二次压力控制回路和高低压转换回路。其中一次压力控制回路用于控制气罐内的压力，使之不超过规定的压力值，常用外控溢流阀或用电接点压力表来控制空气压缩机的转、停，使气罐内压力保持在规定范围内。二次压力控制回路是为了保证气动系统使用的气体压力为一稳定值。

技能操作

活动 1 气罐结构分析及实训

1. 气罐的作用

1）减小空压机输出气流的压力脉动，保证输出气流的连续性。

2）储存一定数量的压缩空气，当出现空压机停机、突然停电等故障时，备急使用。

3）降低空压机的起动、停止频率，其功能相当于增大了空压机的功率。

4）利用气罐的大表面积散热使压缩空气中的一部分水蒸气凝结为水。

2. 气罐的结构

气罐一般采用圆筒状焊接结构，有立式和卧式两种，一般以立式居多。图 8-4 所示为立式气罐结构示意图及图形符号。气罐上装有安全阀、压力表、排水阀以及便于检查和清洁其内部的检修盖等。

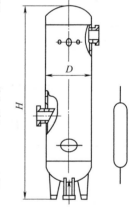

图 8-4 立式气罐结构示意图及图形符号

3. 气罐实训

1）观察气罐外形结构，辨识安全阀、压力表、压力开关、单向阀、排水阀。

2）调节安全阀的调压旋钮，观察并记录开启压力数值。

3）起动电动机，观察并记录电动机的工作和停止时间。

4）练习排放气罐内的积水。打开排水阀，用水瓶接出积水。

活动 2 一次压力控制回路

如图 8-5 所示，若某种原因使气罐内部的压缩空气超过额定压力，溢流阀会自动开启，将压缩空气排入大气中，以保证安全运行，这种回路称为一次压力控制回路。采用溢流阀，结构简单，工作可靠，但气量浪费大。

图 8-6 所示为安全阀。安全阀的输入口 P 与控制系统（或装置）相连，当系统压力小于此阀的调定压力时，弹簧力使阀芯紧压在阀座上，阀处于关闭状态；当系统压力大于此阀的调定压力时，则阀芯开启，压缩空气从排气口 O 排放到大气中。此后，当系统中的压力降低到阀的调定值时，阀芯关闭，并保持密封。选用安全阀要根据系统的最高使用压力和排放流量而定。

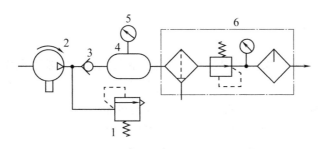

图8-5　一次压力控制回路

1—溢流阀　2—空气压缩机　3—单向阀　4—气罐　5—压力表　6—气源处理装置

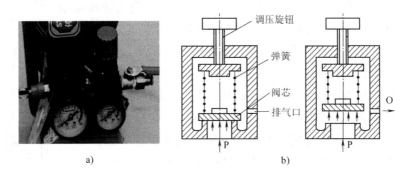

图8-6　安全阀

a）外形图　b）工作原理图

任务3　气源处理装置

任务导读

气源处理装置包含过滤器、减压阀和油雾器，具有过滤、减压和润滑的功能。本任务重点学习气源调节装置的组成、应用以及各组成部分的结构和工作原理。

知识准备

一、了解气源调节的必要性

（1）净化的要求　初次过滤的压缩空气还不能满足精密气动装置的用气要求，还需要进一步地滤除压缩空气中的水分、油滴及杂质，以达到气动系统所要求的净化程度。

（2）压力调节　空压机将空气压缩后储存于气罐中，然后经管路输送给各传动装置使用，而气罐提供的压力仍高于每台装置所需的压力，且压力波动较大。因此必须在每台装置入口处设置一减压阀，以将入口处的气压降低到所需的压力，并保持压力值的稳定。

（3）润滑的需要　防止各气动元件中的运动部件产生干摩擦，而影响其使用寿命，故需要加润滑油。

二、认识过滤器

过滤器是进一步滤除压缩空气中杂质的装置，正确选择过滤器对确保气动系统能够高效可靠地工作具有重要的作用。图8-7所示为过滤器实物和图形符号。

（1）一次过滤器 在空压机的进气口处安装过滤器，可减少进入空压机的灰尘量，它由壳体和滤芯组成。滤芯材料有纸质、织物和金属等。通常采用纸质过滤器，其滤灰效率为50%～70%。

（2）二次过滤器 二次过滤器又称标准过滤器，它的作用是进一步滤除压缩空气中的水分、油分和固态杂质，以达到气动系统所要求的净化程度。二次过滤器通常安装在气动系统的进口处，其滤灰效率为70%～90%。二次过滤器的结构原理如图8-8所示。在离心力作用下，压缩空气中混有的固体杂质和液态水滴等被甩到滤杯的内表面上并在重力作用下沿壁面降至底部。气体经滤芯输出，从而可进一步清除其中颗粒较小的固态杂质。

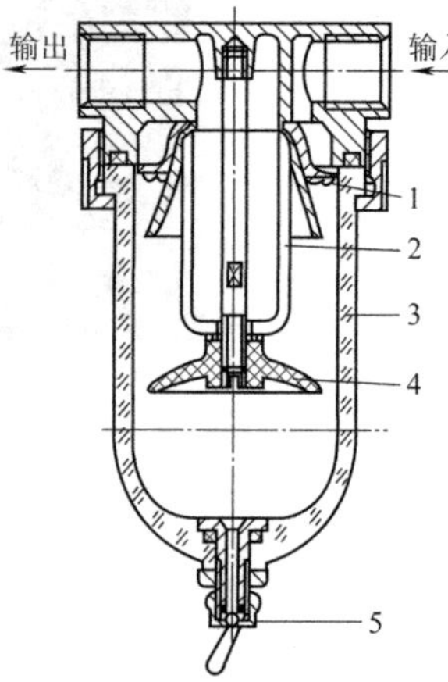

使用二次过滤器时应注意定期打开排水阀，放掉积存的油、水和杂质。过滤器中的滤杯是由聚碳酸酯材料制成的，应避免在有机溶液和化学药品雾气的环境中使用。若必须在上述溶剂雾气的环境中使用，则应使用金属滤杯。为安全起见，滤杯外必须加金属杯罩，以保护滤杯。

图8-7 过滤器实物和图形符号

图8-8 二次过滤器的结构原理图
1—旋风叶子 2—滤芯 3—滤杯
4—挡水板 5—排水阀

三、认识减压阀

空压机输出压缩空气的压力通常都高于气动元件和气动装置所需的工作压力，且压力波动也大，因而需要设置减压阀来降压。

1. 减压阀的作用

减压阀的作用是降低压缩空气的压力，以适于每台气动设备的需要，并使气体压力保持稳定。图8-9所示为减压阀实物和图形符号。

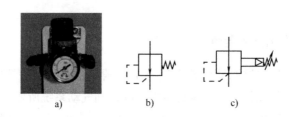

图8-9 减压阀实物和图形符号
a）减压阀实物 b）直动式减压阀图形符号 c）先导式减压阀图形符号

2. 减压阀的工作原理

减压阀有直动式和先导式两种。图8-10所示为直动式减压阀的结构原理图。当顺时针方向旋转调压手柄时，调压弹簧被压缩，推动膜片和阀杆使其下移，进气阀芯打开，在输出口有气压输出。同时，输出气压经阻尼孔作用在膜片上产生向上的推力，该推力总是减小阀的开口，降低输出压力，该推力与调压弹簧作用力相平衡时，阀的输出压力便稳定。

四、认识油雾器

1. 油雾器的作用

油雾器是一种特殊的注油装置，其作用是使润滑油雾化后注入空气流中，并随气流进入需要润滑的部件，达到润滑的目的。图8-11所示为油雾器实物和图形符号。

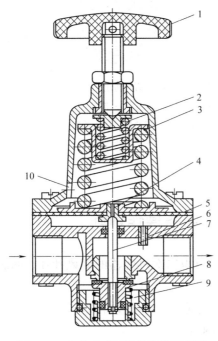

图 8-10　直动式减压阀的结构原理图

1—调压手柄　2、3—调压弹簧　4—溢流阀座　5—膜片　6—阻尼孔

7—阀杆　8—进气阀芯　9—复位弹簧　10—排气孔

图8-11　油雾器实物和图形符号

2. 油雾器的工作原理

图8-12所示为固定节流式普通型油雾器的结构原理图。当压缩空气从输入口进入后，一小部分压缩空气通过小孔 a 经截止阀进入储油杯 5 的上腔 c 中，使油面受压，润滑油经吸油管 6 打开单向阀 7 和节流阀 8，滴落到透明的视油器 9 内，由主管道中的高速气流从孔 b 引射出来，雾化后随空气一起输出。视油器 9 上的节流阀 8 用以调节滴油量，可在 0～200 滴/min 范围内调节。

普通型油雾器能在进气状态下加油，只要旋松油塞 10 后，储油杯上腔 c 便与大气相通，同时输入进来的压缩空气将截止阀阀芯 2 压在其阀座 4 上，切断了压缩空气进入 c 腔的通道。又由于吸油管 6 中单向阀 7 的作用，压缩空气也不会从吸油管倒灌到储油杯中，所以能在不停气的情况下，从油塞口给油雾器加油，加油完毕，拧上油塞即可。

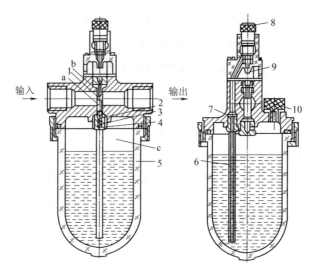

图 8-12　固定节流式普通型油雾器结构原理图

1—立杆　2—截止阀阀芯　3—弹簧　4—阀座　5—储油杯
6—吸油管　7—单向阀　8—节流阀　9—视油器　10—油塞

活动1　二次过滤器操作训练

1）观察二次过滤器实物，认识其结构。辨识二次过滤器的旋风叶片、滤芯、挡水板、滤杯、杯罩和排水阀。

2）练习排放过滤器内的杂质（注意排放杂质后，将排放口拧紧）。

3）过滤器的常见故障及其排除方法见表8-5。

表 8-5　过滤器的常见故障及其排除方法

故障现象	产生原因	排除方法
压力降增大	过滤元件阻塞 流量增大超过适当范围	洗净元件或更换 使流量降到适当范围内或用大容量的过滤器代换
冷凝液从出口侧排出	罩壳内的冷凝液流出量过大 （1）忘记排掉冷凝液 （2）自动排水器故障 流量增大超过适当范围	除去冷凝液 （1）定期排除冷凝液 （2）拆卸、清洗或修理 使流量降到适当范围或用大容量的过滤器代换
出口侧出现灰尘异物	过滤元件破损 过滤元件密封不良	更换过滤元件 重新正确安装过滤元件

（续）

故障现象	产生原因	排除方法
向外部漏气	垫圈密封不良 合成树脂罩壳龟裂 排气阀故障	更换垫圈 更换罩壳 拆卸、清洗或修理
合成树脂罩壳破损	使用于有机溶剂气体环境 空压机润滑油中特种添加剂的影响 空压机吸入空气中含有对树脂有害的物质 用有机溶剂清洗罩壳	换用金属罩壳 换用其他种类的空压机润滑油 换用金属罩壳 更换罩壳（清洗时改用中性洗涤剂）

活动2　减压阀操作训练

1）拆装减压阀实物，认识其结构。辨识调压手柄、调压弹簧、膜片、阀芯。

2）练习减压阀的压力调节，并记录压力值。拉起气源处理单元的盖子，并顺时针方向旋转增大压力（逆时针方向旋转为减小压力）。正常情况下，设置压力到 0.6MPa。注意：练习完毕必须旋松调压手柄。

3）减压阀的使用注意事项见表 8-6。

表 8-6　减压阀的使用注意事项

内　容	注　意　事　项
输入压力	至少比最高输出压力大 0.1MPa
安装减压阀	调压手柄应处于上方，便于调整压力；阀体上的箭头方向为气体的流动方向，不要装反；阀体上的螺塞可拧下来，装上压力表
安装管件	要将锈屑等清洗干净
安装位置	在二次过滤器之后，油雾器之前
不用时	应旋松调压手柄，以免膜片变形

4）减压阀的常见故障及其排除方法见表 8-7。

表 8-7　减压阀的常见故障及其排除方法

故障现象	产生原因	排除方法
出口压力上升	阀的弹簧损坏折断 阀体中阀座部分损坏 阀座部分被异物划伤 阀体的滑动部分有异物附着	更换弹簧 更换阀座 清洗、检查进口处过滤件 清洗、检查进口处过滤件
外部漏气	膜片破损 密封垫片损伤 手轮止动螺母松动	更换膜片 更换密封件 拧紧

（续）

故障现象	产生原因	排除方法
压降太大	阀的口径太小 阀内有异物堆积	换用大口径的阀 清扫、检查过滤器
阀门异常振动	弹簧位置安装不正	使安装位置正常
无法调节压力	调压弹簧折断	调换调压弹簧

活动 3 油雾器操作训练

1）拆卸油雾器实物，认识其结构。辨识油雾器立杆、截止阀阀芯、弹簧、储油杯、吸油管、单向阀、节流阀、视油器和油塞等。

2）练习油雾器在不停气的状态下加油。旋松油塞，完成从油塞口给油雾器加油。加油完毕，旋紧油塞。

3）油雾器的应用。储油杯一般用透明的聚碳酸酯制成，视油器用透明的有机玻璃制成，可清楚地看到油雾器的滴油情况。

油雾器在使用中一定要垂直安装，它可以单独使用，也可以和二次过滤器、减压阀联合使用，组成气源处理装置。联合使用时，其连接顺序应为二次过滤器—减压阀—油雾器，不能颠倒。安装时，进、出气口不能装反。油雾器的供油量一般以每 $10m^3$ 空气用 $1mL$ 油为标准，使用时可根据具体情况调整。图 8-13 所示为气源处理装置的实物及图形符号。

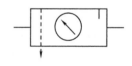

图 8-13 气源处理装置实物及图形符号

在对油污控制严格的工作场所，如纺织、制药和食品等行业及逻辑元件，要求选用无油润滑的气动元件。在这种系统中，气源处理装置必须用两联件，连接方式为二次过滤器—减压阀，去掉油雾器。

活动 4 气源处理装置的应用

为保证气动系统使用的气体压力为一稳定值，多用二次过滤器、减压阀、油雾器组成的二次压力控制回路，如图 8-14 所示。

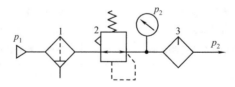

图 8-14 二次压力控制回路
1—空气过滤器 2—减压阀 3—油雾器

任务4　认识消声器和管件

任务导读

气压传动装置的噪声一般都比较大，尤其当压缩空气直接从气缸或阀中排向大气时，较高的压差使气体体积急剧膨胀，产生涡流，引起气体的振动，发出强烈的噪声，为消除这种噪声应安装消声器。

知识准备

一、消声器

消声器是指能阻止声音传播而允许气流通过的一种气动元件。一般用螺纹联接方式直接拧在阀的排气口上。多孔扩散式消声器和U形消声器的实物图、消声器材料及图形符号见表8-8。

表8-8　多孔扩散式消声器和U形消声器的实物图、消声器材料及图形符号

类型	多孔扩散式消声器	U形消声器
实物图		
消声材料	用于消除高速喷气射流噪声，消声材料用铜颗粒烧结而成	消声材料为工程塑料，铝合金外壳起着安全防护作用
图形符号		

二、管件

管件包括管道和管接头两类。

1. 管道

管道是用来输送压缩空气的，起着连接各元件的重要作用。管道有金属管和非金属管，常用金属管、非金属管的特点及应用见表8-9。

表8-9　常用金属管、非金属管的特点及应用

类型	种类	特点	应用
金属管	镀锌钢管、不锈钢管、拉制铝管和纯铜管等	防锈性能好，但价格高	工厂气源主干道、大型气动装置，高温、高压、固定不动部位
非金属管	硬尼龙管、软尼龙管、聚氨酯管、塑料管	经济、轻便、拆装容易，工艺性好，不生锈，流动阻力小，但存在老化问题	有多种颜色，化学稳定性好，有柔性，在气动设备上大量使用，不适于高温场合，且易受外部损伤

2. 管接头

管接头是把气动控制元件、执行元件和辅助元件等连成气动系统所不可缺少的重要附件，是连接和固定管道所必需的。

三、转换器

转换器是将电、液、气信号相互转换的辅件，用来控制气动系统工作。气动系统中的转换器主要有气电、电气、气液等。图8-15所示为气液直接接触式转换器。

当压缩空气由上部输入管输入后，经过管道末端的缓冲装置使压缩空气作用在液压油面上，因而液压油即以压缩空气相同的压力，由转换器主体下部的排油孔输出到液压缸，使其动作。气液转换器的储油量应不小于液压缸最大有效容积的1.5倍。

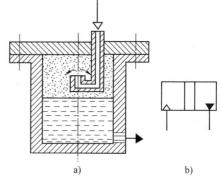

图 8-15　气液转换器
a）气液直接接触式转换器
b）气液转换器图形符号

技能操作

活动 1　认识消声器

指导学生从各种气动元件上辨认消声器。元件上的消声器如图8-16所示。

图 8-16　元件上的消声器

活动 2　管件应用训练

1）认识各种管道和管接头。
2）观察实际生产装置中各种管接头的应用情况。
3）练习连接管与管接头，如图8-17所示。

图 8-17　管路连接

①使用外径尺寸为 6mm 或 4mm 的蓝色塑料管连接元件。

②按压快换接头将塑料管完全嵌入接头直至最末端，然后松开。

③通过按下黑环，管子能够被松开（在没有压力时松开）。

评价反馈

填写学习效果自评表（表 8-10）。

表 8-10 学习效果自评表

序号	内　　容	分值	得分	备注
1	说出空气压缩机的种类	10		
2	叙述压缩空气站的净化流程	10		
3	说出气罐的作用并绘制其符号	10		
4	绘制空气过滤器、减压阀、油雾器的符号	30		
5	指出一次压力控制与二次压力控制的区别，并搭接回路	40		

项目考核

一、判断

1. 油雾器一般应装在空气过滤器之后，尽量靠近气动设备。　　　（　　）

2. 气压传动与液压传动相比工作压力低，元件的材料和制造精度低。（　　）

3. 空气压缩机是气源装置的核心，将气压能转化成机械能。　　　（　　）

4. 气罐不仅能贮存压缩空气，而且具有消除压力波动的作用。　　（　　）

5. 在气压传动系统中，必须设置专门的排气通道。　　　　　　　（　　）

6. 气压传动系统的一次压力控制回路是通过调节减压阀获得所需压力的。（　　）

7. 气压传动系统中，二次压力控制回路的作用是控制气动设备所需的压力。（　　）

二、问答题

1. 气压传动和液压传动的本质区别是什么？

2. 气压传动系统由哪几部分构成？分别有什么作用？

3. 由空压机产生的压缩空气能直接用于气动系统吗？为什么？

4. 压缩空气具有润滑性能吗？空压机润滑油的使用应该注意什么？

5. 空压机对安装有何要求？空压机噪声应如何防治？

6. 空压机若起动不良会是什么原因？

7. 一般的气源装置由哪些元件组成？

8. 气罐有哪些作用？

9. 气源处理装置包括哪些元件？应按怎样的顺序安装？

10. 试分析如果气源处理装置装反了会出现什么问题。

11. 油雾器的作用是什么？

项目九　手控换向阀气动控制回路

知识目标

1) 掌握气缸的工作原理及类型。
2) 熟悉气动换向阀的种类及表示方法。
3) 掌握手控、机控和气控换向阀的特点及符号。
4) 掌握顺序阀的特点及符号。

技能目标

1) 能够正确使用手控、机控和气控换向阀。
2) 能够正确使用气缸。
3) 能够根据实际要求连接换向回路。
4) 能识读单往复动作回路。

职业素养

1) 人生的价值，并不是用时间，而是用深度去衡量的。——列夫·托尔斯泰
2) 生活只有在平淡无味的人看来才是空虚而平淡无味的。——车尔尼雪夫斯基
3) 一个人的价值，应该看他贡献什么，而不应当看他取得什么。——爱因斯坦

> **想一想、议一议**
> 1) 气动执行元件与液压执行元件有何不同？
> 2) 气动换向阀有哪些种类，用符号如何表示？
> 3) 气动换向回路是如何构成的？
> 4) 单作用气缸的手控和气控方式分别适用于什么场合？

任务 1　气　缸

任务导读

气动执行元件是将压缩空气的压力能转变为机械能的能量转换装置。其中一类用于实现直线往复运动或摆动，称为气缸；气缸是气动系统中最常用的一种执行元件。与液压缸相比，它具有结构简单、制造成本低、污染少、便于维修、动作迅速等优点。但由于推力小，所以广泛用于轻载系统。另一类用于实现连续回转运动，称为气马达。本任务主要学习气缸的分类、单作用气缸与双作用气缸的特点及应用。

知识准备

气缸的分类如下：

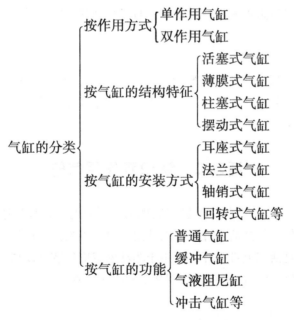

技能操作

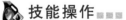

活动 1　认识单作用气缸

1. 单作用气缸的工作原理

单作用气缸是在压缩空气的作用下，气缸活塞杆伸出，当无压缩空气时，气缸活塞杆在弹簧力或外力作用下缩回。即气缸只有一个方向的运动靠压缩空气的推力，活塞的复位靠弹簧力或自重和其他外力。

单作用气缸实物及图形符号如图 9-1 所示。

 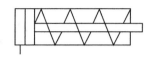

图 9-1　单作用气缸实物及图形符号

2. 单作用气缸的特点

1）由于单边进气，所以结构简单、耗气量小。

2）由于用弹簧复位，使压缩空气的能量有一部分用来克服弹簧的弹力，因而减小了活塞杆的输出推力。

3）缸体内因安装了弹簧而减小了空间，使活塞的有效行程缩短。

4）气缸复位弹簧的弹力随其变形大小而变化，因此活塞杆的推力和运动速度在行程中有变化。

基于上述特点，单作用活塞式气缸多用于短行程及对活塞杆推力、运动速度等要求不高的场合。单作用气缸又称阻挡气缸，比如用于自动生产线的输送带上，阻挡输送带上工件的移动。

3. 单作用气缸的通气实验

对单作用气缸进行通气实验，观察其动作。第一步，将单作用水平气缸安装在实训台上；第二步，给与无杆腔相通的气口通气，观察并记录现象；第三步，通过换向阀给无杆腔排气，观察并记录现象。

活动 2　认识双作用气缸

1）双作用气缸的特点。双作用气缸能实现两个方向的运动且都通过气压传动进行。在压缩空气作用下，双作用气缸活塞杆既可以伸出，也可以缩回。通过缓冲调节装置，可以调节其终端缓冲。若气缸活塞上带磁环，可用于驱动磁感应传感器动作。

2）双作用气缸的实物及图形符号如图 9-2 和图 9-3 所示。

 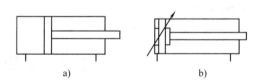

图 9-2　双作用气缸实物　　　　　　图 9-3　双作用气缸图形符号

a）普通双作用气缸　b）可调缓冲双作用气缸

3）双作用气缸的应用。在柔性自动生产线上，导向装置可以把一条传送带上的工件放到另一条传送带上去。导向装置示意图如图 9-4 所示。具体控制要求：按下开关按钮，双作用气缸的活塞杆伸出，导向架向前推进，传送带上的工件被推到另一条传动带上，向另一个方向继续传送。在气缸活塞杆伸到前端位置后使机控换向阀换向，气缸活塞杆缩回，导向架回到初始位置。

4）对双作用气缸进行通气实验，观察其动作。第一步，将双作用水平气缸安装在实验台上；第二步，给与无杆腔相通的气口通气，观察并记录现象；第三步，给与有杆腔相通的气口通气，观察并记录现象。

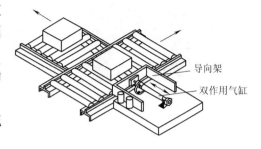

图 9-4　导向装置示意图

任务 2　换向阀

任务导读

气动换向阀是气动系统中的控制元件，可以改变气流方向，使气动执行元件按控制要求进行换向。本任务就是介绍换向阀的类型、符号及特点，重点学习手动换向阀、机动换向阀及气动换向阀。

知识准备

一、气动控制元件的功能

在气压传动系统中，气动控制元件用来控制与调节压缩空气的压力、流量、流动方向和发送信号，以保证执行元件按照设计程序正常动作。

二、气动控制元件的分类

同液压阀一样，气动控制元件按其功能和作用分为压力控制阀、流量控制阀和方向控制阀三大类。

三、认识气动换向阀

气动方向控制阀和液压方向控制阀相似，分类方法也大致相同。按其作用特点可分为单向型和换向型两种，按其阀芯结构分主要有截止式和滑阀式。

1. 单向型控制阀

单向型控制阀中包括单向阀、梭阀、双压阀和快速排气阀。其中单向阀与液压单向阀类似。梭阀、双压阀和快速排气阀的实物如图 9-5 所示。

2. 换向型控制阀

换向型方向阀的功能与液压的同类阀相似，操作方式、切换位置和图形符号也基本相同。阀的气口可用数字表示，也可用字母表示（符合 ISO 5599 标准）。两种表示方法的比较见表 9-1。

a)

b)

c)

图 9-5 单向型控制阀

a）梭阀 b）双压阀 c）快速排气阀

表 9-1 阀的气口两种表示方法的比较

气口	数字表示	字母表示	气口	数字表示	字母表示
输入口	1	P	排气口	5	R
输出口	2	B	输出信号清零的控制口	(10)	(Z)
排气口	3	S	控制口	12	Y
输出口	4	A	控制口	14	Z（X）

常见阀的通路数和切换位置综合表示方法见表 9-2。

表 9-2 常见阀的通路数和切换位置综合表示法

	二位		三位		
			中位封闭	中位加压	中位卸压
二通	常断	常通			
三通	常断	常通			
四通					
五通					

技能操作

活动 1 认识手控换向阀

（1）**手控换向阀的概念** 依靠人力使阀切换的换向阀是人力控制换向阀，简称人控阀。

它可分为手控换向阀和脚踏换向阀两大类，其中手控换向阀是依靠手动使阀换向的，如图9-6所示。

图9-6　手控换向阀

（2）手控换向阀图形符号解读　图9-7所示为常通型二位三通手控换向阀（不带锁）。

如图9-7a所示，未按下按钮时，换向阀右位工作，即零位或静止位，此时1口与2口接通，3口关闭。如图9-7b所示，按下按钮，换向阀换至左位工作，则1口关闭，2口与3口接通。释放按钮，换向阀在弹簧作用下复位。通常，在气动回路中，常通型二位三通手控换向阀（不带锁）图形符号用图9-7a表示，即阀处于零位状态。

图9-7　常通型二位三通手控换向阀（不带锁）

a）换向阀静止位　b）换向阀工作位

图9-8所示为常断型二位三通手控换向阀（带锁）。如图9-8a所示，未按下按钮时，换向阀右位工作，即处于零位或静止位，此时1口关闭，2口与3口接通。如图9-8b所示，按下按钮，换向阀换向换至左位工作，则1口与2口接通，3口关闭。释放按钮，换向阀并不动作，仍保持工作状态。向右旋转按钮使其复位，则换向阀在弹簧作用下复位。通常，在气动回路中，常断型二位三通手控换向阀（带锁）图形符号用图9-8a表示，即阀处于零位状态。

手控阀在手动系统中，一般用来直接操纵气动执行机构。在半自动和自动化系统中，多作为信号阀（即起动阀）使用。

（3）常断型二位三通手控换向阀通气实验　将二位三通手控换向阀安装在实训台上，1口接气源。一只手按按钮，另一只手放在阀2口感觉是否有气流并记录。

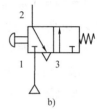

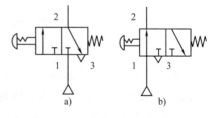

图9-8　常断型二位三通手控换向阀（带锁）

a）换向阀静止位　b）换向阀工作位

活动2　认识机械控制换向阀

（1）机械控制换向阀的特点　机械控制换向阀利用执行机构或其他机构的机械运动，借助凸轮、滚轮、杠杆或撞块等机构来操纵阀芯换位，达到换向目的，简称机控换向阀，又称行程阀。行程阀常见的操控方式有顶杆式、滚轮式、单项滚轮式等，其结构与手动换向阀类似。机控换向阀可作频繁换向，且换向可靠性较好，常为二位阀。这种阀常安装在气缸行程末端，把位置信号转换成气控信号输出。图9-9所示为机控换向阀。

图9-9　机控换向阀

（2）机控换向阀的图形符号解读　二位三通滚轮杠杆式机控换向阀（常断型）的图形符号如图9-10a所示。当滚轮未被凸轮驱动时，机控换向阀在右位即零位或静止位，如图9-10b所示。此时1口关闭，2口与3口相通。当滚轮被凸轮沿指定方向驱动时，单向滚轮杠杆式机控换向阀换向，其左位工作，如图9-10c所示，此时1口与2口相通，3口关闭。释放滚轮后，单向滚轮杠杆式机控换向阀在复位弹簧作用下复位回到零位。注意，若沿相反方向驱动滚轮，单向滚轮杠杆式机控换向阀并不动作。

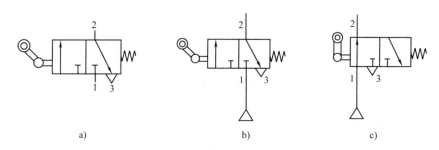

a)　　　　　　　　　　　　b)　　　　　　　　　　　　c)

图9-10　二位三通滚轮杠杆式机控换向阀
a）机控换向阀符号　b）换向阀静止位　c）换向阀工作位

（3）二位三通机控换向阀（常断型）通气实验　将二位三通机控换向阀安装在实训台上，1口接气源。首先，不给滚轮施加外力，将手放在阀的2口处感觉是否有气流；然后，给滚轮施加外力，再将手放在阀的2口处感觉是否有气流。并对出现的现象作出分析。

活动3　认识气控换向阀

1. 气控换向阀的概念

气压控制换向阀是靠外加的气体压力使阀换向的，简称气控换向阀。外加的气压信号称为气控信号。气控阀按控制方式有单气控和双气控两种，分别如图9-11和图9-12所示。

图9-11 单气控换向阀　　　　图9-12 双气控换向阀

2. 气控换向阀符号解读

图9-13所示为常断型二位三通单气控换向阀。控制口12无外加控制信号时，换向阀右位工作，即零位或静止位。此时1口关闭，2口与3口相通。当控制口12有外加控制信号时，换向阀左位工作，则1口和2口相通，3口关闭。当控制信号消失后，换向阀在弹簧力作用下复位回到零位。通常，在气动回路中常断型二位三通单气控换向阀图形符号用图9-13a表示，即阀处于零位状态，图9-13b所示为动作后的状态。

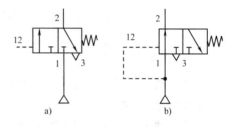

图9-13 常断型二位三通单气控换向阀
a) 静止位 b) 工作位

图9-14所示为二位五通双气控换向阀。当控制口14有外加控制信号时，换向阀左位工作，1口和4口相通，2口和3口相通，5口关闭。当控制口12有外加控制信号时，换向阀右位工作，1口和2口相通，4口和5口相通，3口关闭。由于换向阀内没有弹簧，在12控制口和14控制口均无外加控制信号时，换向阀会保持上一个阀位状态，所以双气控换向阀具有记忆功能。

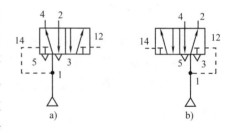

图9-14 二位五通双气控换向阀

3. 气控换向阀通气实验

（1）二位三通单气控换向阀（常断型）通气实验　将二位三通单气控换向阀安装在实训台上，1口接气源。首先控制口不加信号，将手放在阀的2口处感觉是否有气流。控制口加信号后，再将手放在阀的2口处感觉是否有气流。

（2）二位五通双气控换向阀通气实验　将二位五通双气控换向阀安装在实训台上，1口接气源。首先，控制口不加信号，将手分别放在阀的2口和4口处感觉是否有气流并记录。然后在12控制口加信号后，将手放在阀的2口和4口处感觉并记录气流是从哪个口流出的。最后，将12口控制信号改加在14控制口，再将手放在阀的2口和4口处感觉并记录气流是从哪个口流出的。

任务3 手控换向阀控制气动回路训练

 **任务导读** ▪▪▪

本任务重点学习送料装置气动控制回路的实现方法，以及直接控制和间接控制的区别。

知识准备 ▪▪▪

了解气动执行元件运动方向的典型控制方式。

一、直接控制

（1）概念　通过人力或机械外力直接控制换向阀换向实现执行元件动作控制，这种控制方式称为直接控制。

（2）特点　直接控制所用元件少，回路简单，多用于单作用气缸或双作用气缸的简单控制，但无法满足有多个换向条件时的回路控制。由于直接控制是由人力或机械外力操控换向阀换向的，操作力较小，只适用于所需流量和控制阀的尺寸相对较小的场合。

二、间接控制

（1）概念　间接控制是指执行元件由气控换向阀来控制动作，人力、机械外力等外部输入信号只是通过其他方式直接控制气控换向阀的换向，而间接控制执行元件的动作。

（2）特点　间接控制主要适用于需要较大操作力的场合和控制要求比较复杂的回路。

技能操作 ▪▪▪

活动1　送料装置直接控制

1）识读送料装置气动控制回路图。图9-15所示为送料装置示意图。图9-16所示为送料装置气动控制回路图，单作用气缸的运动方向由手控换向阀控制。手控换向阀为不带锁（按钮）式，常断型。未按下按钮时，换向阀在右位，即零位或静止位，此时2口与3口接通，1口关闭，单作用气缸的气口通过换向阀与大气相通，气缸活塞杆不动作。按下按钮时，换向阀换向工作在左位，则3口关闭，1口与2口接通，压缩空气进入单作用气缸无杆腔，使气缸活塞杆伸出，将工件推出。注意，在活塞杆伸出过程中按钮不能松开，直至活塞杆伸到前位。当松开手动按钮时，在弹簧作用下，换向阀复位到零位，即工作在右位。此时，单作用气缸的气口通过换向阀与大气相通，活塞杆在弹簧作用下缩回。

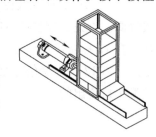

图9-15　送料装置示意图

2）利用实训设备在实训台上组建系统并实现送料装置的直接

控制，如图 9-17 所示。

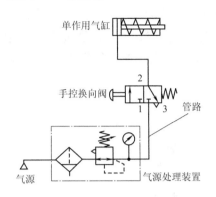

图 9-16 送料装置气动控制回路

图 9-17 直接控制回路

活动 2 送料装置间接控制

1）方案分析。图 9-16 所示单作用气缸为小型气缸，可以采用手控换向阀直接控制方案。若图中单作用气缸为中大型气缸，就需要采用间接控制方案。单作用气缸间接控制方案如图 9-18 所示，由气源、管路、手控换向阀、气控换向阀和单作用气缸组成。手控换向阀输出口不是直接与单作用气缸的气口相连，而是与单气控换向阀控制口相连，通过控制单气控换向阀换向，实现对单作用气缸的间接控制。

2）识读气缸间接控制气动控制回路图，分析执行元件动作、控制元件的状态。图 9-18 中手控换向阀在未施加外部信号时，是零位即处于右位，气源被封堵，单气控换向阀控制信号为 0，即处于常态位。单作用气缸的气口通过气控换向阀与大气相通，气缸活塞杆不产生动作。在接通气源后，按下手控换向阀的按钮，手控换向阀工作在左位，使得控制信号 12 接通，另外气源通过气控换向阀与单作用气缸的气口相通，在压缩空气作用下，气缸的活塞杆伸出，完成推工件动作。

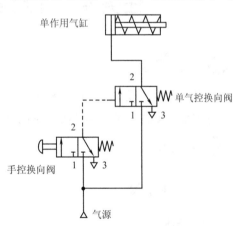

图 9-18 单作用气缸间接控制方案

3）利用实训设备在实训台搭接气动回路，并实现气缸的间接控制。

活动 3 导向装置间接控制

导向装置气动控制回路如图 9-19 所示。接通气源后，按下手控换向阀的按钮，手控换向阀工作在左位，气压信号通过手控换向阀与双气控换向阀的控制口 14 相通，双气控换向阀左位工作。在压缩空气作用下，气缸的活塞杆伸出，导向架向前推进。在活塞杆伸出过程中松开按钮，由于双气控换向阀具有记忆功能，活塞杆仍能伸到前位。当气缸活塞杆上的凸轮压下机控换向阀滚轮，机控换向阀换向，工作在上位。此时，气压信号通过机控换向阀与双气控换向阀的控制口 12 相通，双气控换向阀右位工作。在压缩空气作用下，气缸的活塞杆缩回，完成一次气缸动作循环。

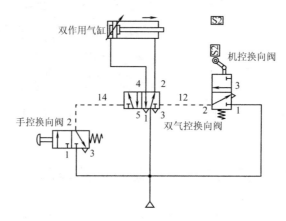

图 9-19　导向装置气动控制回路图

任务4　导向装置自动换向回路训练

任务导读

在自动生产线中，导向送料装置应用非常普遍，本任务重点讨论导向装置气动控制回路如何实现自动往复及不同解决方案的特点。

知识准备

一、顺序阀

1. 概述

在气压传动中，用来控制与调节压缩空气的压力或以气路中压力变化作为信号控制其他元件动作的控制阀，称为压力阀。压力控制阀按功能可分为减压阀、安全阀、顺序阀。

顺序阀是依靠回路中的气压变化来控制顺序动作的一种压力控制阀，它与减压阀、溢流阀既有区别，也有相似之处。顺序阀实物图如图 9-20 所示。

2. 顺序阀工作原理

图 9-21 所示为顺序阀的结构原理图。P 口压力小于设定压力，P 口与 A 口不通，如图 9-21a所示。P 口压力大于等于设定压力，P 口与 A 口接通，如图 9-21b 所示。顺序阀是

靠调压弹簧的预压缩量来控制阀的开启压力的大小的。顺序阀的图形符号如图9-22所示。

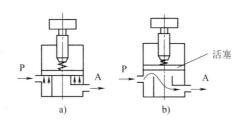

图9-20 顺序阀实物图　　图9-21 顺序阀结构原理图　　图9-22 顺序阀图形符号

3. 单向顺序阀

将单向阀和顺序阀组装成一体，则称为单向顺序阀，图形符号如图9-23所示。当P口有气流输入时，单向阀关闭，气压大于等于设定压力，顺序阀工作，P口与A口接通。反之，A口有气流输入，打开单向阀，P口变为排气口。单向顺序阀常应用于使气缸自动进行一次往复运动，且不便安装机控阀的场合。

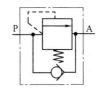

图9-23 单向顺序阀图形符号

二、熟悉各气动元件的特点

1）双作用气缸的往复运动均靠气压力。
2）气控换向阀为主换向阀。
3）手控换向阀、单向顺序阀为气控换向阀提供控制信号。
4）采用机控换向阀和采用单向顺序阀的气动控制回路适于不同的工作场合。

技能操作

活动1 顺序阀与减压阀、溢流阀

顺序阀与减压阀、溢流阀的比较见表9-3。

表9-3 顺序阀与减压阀、溢流阀的比较

项目	减压阀	溢流阀（安全阀）	顺序阀
符号			
特点	减压阀初始状态为全开。其利用出口压力来控制阀芯移动，保证出口压力基本恒定	溢流阀初始状态阀口关闭。其利用进口压力来控制阀芯移动，保证进口压力基本恒定。溢流阀出口为溢流口，输出压力为零	顺序阀动作原理与溢流阀基本一样。不同之处是出口输出二次压力
作用	降压、稳压	保证气动系统安全	依据气压大小顺序动作

（续）

项目	减压阀	溢流阀（安全阀）	顺序阀
用途	空压站集中供气，输出压力高于气动装置所需压力，且压力波动较大。气动装置供气压力需要用减压阀减压，并保持稳定	当管路或容器中压力超过允许范围，用溢流阀实现自动排气，使系统压力下降，保证系统工作安全。例如，在气罐顶部必须安装溢流阀（作安全阀用）	气动装置由于受空间位置影响不便安装行程阀，而要依据气压大小来控制两个以上的气动执行机构顺序动作

活动 2　顺序阀通气实验

将顺序阀安装在实训台上，逐步给进气口（P 口）加信号，将手放在出气口（A 口）处感觉，当有气流时记录输入口压力大小。将顺序阀调压手柄顺时针方向调整，重复上述实验。对比记录数据，并分析说明。

活动 3　利用单向顺序阀实现执行机构自动换向

图 9-19 中双作用气缸是利用机控换向阀实现自动换向的。若气动装置由于受空间位置影响不便安装机控换向阀，这时可以使用顺序阀依据气压大小来控制气动执行机构自动换向。采用单向顺序阀实现执行机构自动换向的气动控制回路如图 9-24 所示，由气源、管路、手控换向阀、双气控换向阀、单向顺序阀和双作用气缸组成。回路中单向阀用于为双气控换向阀控制口 12 泄气。

接通气源后，按下手控换向阀的按钮，手控换向阀工作在上位，气压信号通过手控换向阀与双气控换向阀的控制口 14 相通，双气控换向阀右位工作，给双作用气缸的无杆腔进气，在压缩空气作用下，气缸的活塞杆伸出，导向架向前推进。在活塞杆伸出过程中松开按钮，由于双气控换向阀具有记忆功能，活塞杆仍能伸到前位。当气缸活塞运动到行程终点后，无杆腔的压力达到顺序阀的开启压力，使 P 口与 A 口接通。此时，气压信号与双气控换向阀的控制口 12 相通，双气控换向阀左位工作，给有

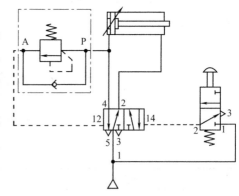

图 9-24　采用单向顺序阀实现机构
自动换向的气动控制回路

杆腔进气，在压缩空气作用下，气缸的活塞杆缩回，完成一次气缸动作循环。在活塞杆缩回过程中虽然顺序阀的进气口 P 和输出口 A 已经断开，但由于双气控换向阀具有记忆功能，活塞杆仍能复位。

评价反馈 ■■■

填写学习效果自评表（表 9-4）。

表 9-4　学习效果自评表

序号	内　　容	分值	得分	备注
1	说出气动换向阀的种类，并绘制二位三通机动换向阀、单气控二位五通换向阀及按钮式二位三通手动换向阀的图形符号	20		
2	说出直接控制、间接控制的区别	10		
3	单作用气缸、双作用气缸各有何特点	10		
4	设计、搭接直接控制、间接控制的回路，并实现动作	30		
5	分析利用机动换向阀和采用单向顺序阀实现自动换向回路的特点	30		

项目考核

一、判断题

1. 气动换向阀按阀的通口数分为二通阀、三通阀、五通阀和七通阀等。　　　（　　）
2. 单作用气缸由于单边进气，所以结构简单、耗气量小。　　　（　　）
3. 在气动系统中，气控换向阀常作为气动执行元件的主控阀，控制它们的运动方向。

　　　（　　）
4. 气动执行元件是将气压能转化为机械能，实现直线、摆动或回转运动的传动装置。

　　　（　　）
5. 产生直线往复运动的气动执行元件称为气马达。　　　（　　）
6. 在半自动和自动化系统中，手动换向阀一般用来直接操纵气动执行机构。　　　（　　）
7. 二位五通双气控换向阀具有记忆功能。　　　（　　）
8. 直接控制和间接控制是控制气动执行元件运动方向的两种典型方式。　　　（　　）
9. 双作用气缸活塞在两个方向的运动都是通过气压传动进行的。　　　（　　）
10. 机控换向阀也称行程阀。　　　（　　）
11. 机控换向阀常安装在气缸行程始端，把位置信号转换成气控信号输出。　　　（　　）
12. 顺序阀与减压阀一样，阀口常开。　　　（　　）

二、问答题

1. 气动换向阀与液压换向阀的主要区别有哪些？
2. 直接控制与间接控制的主要区别是什么？各适用于什么场合？
3. 二位三通手控换向阀（常通型）在 1 口接通气源后，按下手动阀按钮，手放在阀 2 口会感觉到气流吗？写出现象并分析原因。
4. 二位三通单气控换向阀（常通型）在 1 口接通气源后，未加控制信号，手放在阀 2 口会感觉到气流吗？
5. 正确画出下列阀的图形符号：常通型二位三通手动换向阀（带锁）、常断型二位三通单气控换向阀、二位五通单气控换向阀、二位五通双气控换向阀。

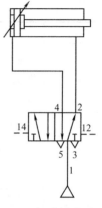

6. 如图 9-16 所示，接通气源后，按下手控换向阀按钮，若在气缸活塞杆刚伸出时即松开按钮会出现什么现象？分析原因。

7. 读图 9-25 回答以下问题：

（1）正确命名图中所示气动回路中的元件。

（2）分析回路。通气后控制口 14 有信号，气缸活塞杆如何动作？若控制口 14 信号中断，而控制口 12 也无信号，换向阀工作在什么位？气缸应如何动作？

（3）在所示气动回路中若与气缸连接的 2 口与 4 口交换，分析通气后控制口 14 有控制信号时，气缸如何动作？

图 9-25　气动回路（一）

8. 读图 9-26 回答以下问题：

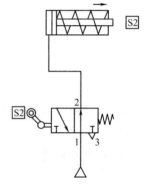

（1）分析图示气动回路通气后，气缸活塞杆如何动作？活塞杆伸出后能否回来？

（2）该气动回路有什么缺陷？能修改回路使气缸活塞杆能伸出也能缩回吗？

提示：气缸活塞杆伸出后，活塞杆到达 S2 位置，使机控换向阀换向工作在左位。而活塞杆刚离开 S2 位置时，机控换向阀又换向为常态位即右位。活塞杆在 S2 位置重复动作，最终不能缩回来。

图 9-26　气动回路（二）

项目十　电气控制气动回路

 知识目标

1) 掌握电磁换向阀的特点及图形符号。
2) 理解气动执行机构的电气控制方法。

 技能目标

1) 能正确使用电磁换向阀。
2) 能够绘制电气和气动回路图。
3) 能根据回路图组装系统。
4) 能识读单往复动作回路。

 职业素养

1) 先相信你自己，然后别人才会相信你。——屠格涅夫
2) 不要慨叹生活的痛苦！——慨叹是弱者……——高尔基
3) 宿命论是那些缺乏意志力的弱者的借口。——罗曼·罗兰

想一想、议一议

1) 归纳总结气动基本回路有哪些？各种回路的应用特点是什么？
2) 搜集机器人的资料，分析电气控制在气动机器人上的应用。
3) 气动执行机构的手动控制、电气控制各有何特点？

任务1　认识电磁换向阀

⚙ **任务导读** ▪▪▪

　　电磁换向阀是利用电磁力的作用来实现阀的换向的，是气动控制系统中最主要的元件之一，品种规格繁多，结构各异。按操纵方式不同分为直动式和先导式两类。本任务重点学习这两种形式的电磁阀的工作原理以及常见的几种电磁阀的图形符号及应用。

⚙ **知识准备** ▪▪▪

一、直动式电磁阀

1. 直动式电磁阀的工作原理

　　直动式电磁阀是利用电磁力直接推动阀杆（阀芯）换向的。图 10-1 所示为单电控直动式电磁阀工作原理图。如图 10-1a 所示，电磁线圈未通电时，进气口 P、输出口 A 断开，阀没有输出。输出口 A 与排气口 R 相通。如图 10-1b 所示，电磁线圈通电时，电磁铁推动阀芯向下移动，使进气口 P、输出口 A 接通，阀有输出。

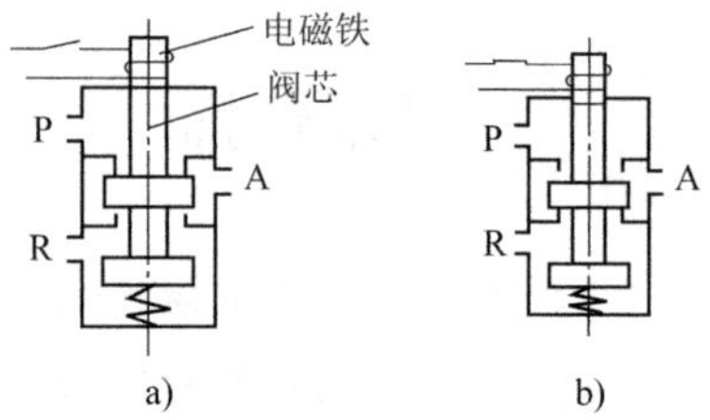

2. 直动式电磁阀的特点

　　直动式电磁阀结构紧凑，换向频率高。但用于交流电磁铁时，如果阀杆卡死就会有烧毁线圈的可能。阀杆的换向行程受电磁铁吸合行程的限制，因此只用于小型阀。通常将直动式电磁阀称为电磁先导阀。

图 10-1　单电控直动式电磁阀的
工作原理图
a）电磁线圈未通电时状态
b）电磁线圈通电时状态

二、先导式电磁阀

　　先导式电磁阀是由小型直动式电磁阀和大型气控换向阀构成，又称作电控换向阀。

　　图 10-2 所示为单电控先导式电磁阀的工作原理图。它是利用直动式电磁阀输出的先导气压来操纵大型气控换向阀（主阀）换向的。图 10-2a 所示电磁线圈未通电时，电磁先导阀没有输出，主阀 P 口、A 口断开，主阀没有输出。图 10-2b 所示电磁线圈通电时，电磁铁推动阀芯向下移动，电磁先导阀有输出。先导气压推动主阀阀芯向左移动，主阀 P 口、A 口接通，主阀有输出。

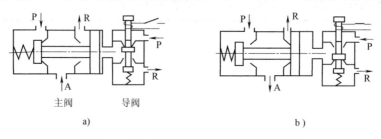

图 10-2　单电控先导式电磁阀的工作原理图
a）断电状态　b）通电状态

技能操作

活动1 单电控二位五通电磁阀，弹簧复位

图 10-3 所示为单电控二位五通电磁阀实物及图形符号。电磁线圈得电，单电控二位五通电磁阀左位工作。电磁线圈失电，在弹簧作用下复位。如果没有电流作用在电磁线圈上，则单电控二位五通电磁阀可以手动驱动。

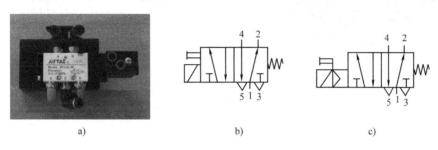

a)   b)   c)

图 10-3　单电控二位五通电磁阀实物及图形符号

a）实物　b）直动式符号　c）先导式符号

活动2 双电控二位五通电磁阀

图 10-4 所示为双电控二位五通电磁阀实物及图形符号。若左电磁线圈得电，双电控二位五通电磁阀左位工作。左电磁线圈失电，仍能工作在左位，所以双电控二位五通电磁阀具有记忆功能。只有当另一个电磁线圈得电，双电控二位五通电磁阀才换向。如果没有电流作用在电磁线圈上，则双电控二位五通电磁阀可以手动驱动。

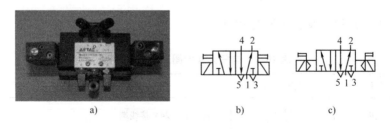

a)   b)   c)

图 10-4　双电控二位五通电磁阀实物及图形符号

a）实物　b）直动式符号　c）先导式符号

活动3 双电控三位五通电磁阀，中封式（中位封闭）

图 10-5 所示为双电控三位五通电磁阀实物及图形符号。左电磁线圈得电，双电控三位五通电磁阀左位工作；右电磁线圈得电，双电控三位五通电磁阀右位工作。电磁线圈失电，

双电控三位五通电磁阀在弹簧作用下复位，即回到中位。如果没有电流作用在电磁线圈上，则双电控三位五通阀可以手动驱动。

特别注意，使用双电控电磁换向阀时，两侧电磁铁不能同时通电，否则将使电磁线圈烧坏。为此，在电气控制回路上，通常设有防止同时通电的联锁回路。

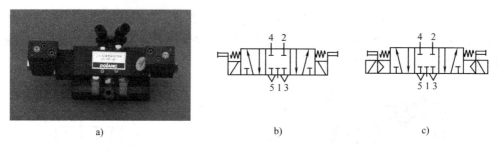

a)   b)   c)

图 10-5 双电控三位五通电磁阀实物及图形符号

a）实物 b）直动式符号 c）先导式符号

任务2 电气动技术训练

任务导读

电气控制主要由继电器回路控制发展而来，其特点是响应块，动作准确。电气控制是用电信号和电控元件取代气信号和气控元件，如用电磁阀代替气控阀，用按钮、继电器代替气控逻辑阀和气控组合阀，其可操作性和效率远远高于纯气动控制。本任务就是认识常用的电气元件的图形符号及功能，并在此基础上分析典型的电气控制回路。

知识准备

电气元件的图形符号及功能见表 10-1。

表 10-1 电气元件的图形符号及功能

序号	元件名称	图形符号	元件功能
1	电源正极	+24V	电源正极 24V 接线端
2	电源负极	0V	电源负极 0V 接线端
3	接线端	○	连接导线的位置
4	导线	——	用于连接两个接线端
5	T 形接线端		最多可连接三条导线，因此具有唯一电压值

（续）

序号	元件名称	图形符号	元件功能
6	按钮开关（常开）		驱动该按钮开关时，触点闭合；释放该按钮开关时，触点立即断开
7	按钮开关（常闭）		驱动该按钮开关时，触点断开；释放该按钮开关时，触点立即闭合
8	按键开关（常开）		驱动该按键开关时，触点闭合，并锁定触点闭合状态
9	按键开关（常闭）		驱动该按键开关时，触点断开，并锁定触点断开状态
10	行程开关（常开）		执行机构驱动该行程开关时，触点闭合；执行机构释放该行程开关时，触点立即断开
11	行程开关（常闭）		执行机构驱动该行程开关时，触点断开；执行机构释放该行程开关时，触点立即闭合
12	电磁线圈		电磁线圈可用于驱动电控阀动作。在电气控制回路借助于标签，电磁线圈可与电控阀连接
13	继电器线圈		当继电器线圈流过电流时，继电器触点闭合；当继电器线圈无电流时，继电器触点立即断开
14	常开触点		线圈得电，该触点闭合；线圈失电，该触点断开
15	常闭触点		线圈得电，该触点断开；线圈失电，该触点闭合

技能操作

活动1　通过双电控电磁阀控制双作用气缸

1）特点：用复位按钮开关控制二位五通双电控电磁阀驱动双作用气缸，两个行程开关作终端信号，其中一个行程开关作原位信号元件，另一个作终点信号元件。

2）回路分析：双电控电磁阀控制双作用气缸的电气原理图、气动回路图分别如图10-6a、b所示。二位五通双电控电磁阀原位常开，双作用气缸在气源的作用下退回在原始位置。当按下SA1按钮后，中间继电器自锁得电，电磁铁1YA得电，驱动电磁阀换向，气缸前进。当气缸行进至终点时，压下行程开关S2，S2的常闭触点断开，电磁铁1YA失电，中间继电器 K1 失电，K1 常开触点闭合，接通 2YA 线圈，电磁铁 2YA 得电，电磁阀换向，气缸退回原位，在原位压下行程开关 S1，S1 常闭触点断开，电磁铁 2YA 失电。

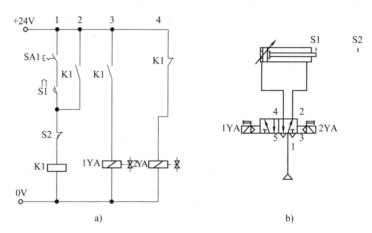

图 10-6 双电控电磁阀控制双作用气缸

a) 电气原理图 b) 气动回路图

3）根据气动原理图组建回路，根据电气原理图组建电路，如图 10-7 所示。

图 10-7 组建回路与电路

活动 2 通过单电控电磁阀控制双作用气缸

（1）动作要求 单循环和持续循环。

在单循环模式中，按下一次按钮开关，气缸往返动作一次。在持续循环模式中，按下一次按钮开关后，气缸应持续进行往返动作，直至按下停止按钮。单循环和持续循环应能相互切换。

（2）回路分析 单电控电磁阀控制双作用气缸的电气原理图、气动回路图分别如图 10-8a、b 所示。

1）单循环。二位五通单电控电磁阀原位常开，双作用气缸在气源的作用下退回在原始位置，当按下 SA2 按钮开关后，中间继电器 K2 得电自锁，电磁铁 1YA 得电，驱动电磁阀换向，气源经过电磁阀驱动气缸前进。当气缸行进至终点时，压下行程开关 S2，S2 的常闭触点断开，中间继电器失电，电磁铁1YA失电，电磁阀恢复原位，气缸在气源作用下退回原位。

2）持续循环。二位五通单电控电磁阀原位常开，双作用气缸在气源的作用下退回在原始位置。当按下SA1按钮后，中间继电器K1、K2自锁得电，电磁铁1YA得电，驱动电磁阀换向，气源通过电磁阀驱动气缸前进。当气缸行进至终点时，压下行程开关S2，S2的常闭触点断开，中间继电器失电，电磁铁1YA失电，电磁阀恢复原位，气缸在气源作用下退回原位，压下行程开关S2，行程开关K2常开触点闭合，接通中间继电器K2线圈，中间继电器K2常开触点闭合，电磁铁1YA得电，驱动电磁阀换向，气源经过电磁阀驱动气缸前进。这样就再一次进行下一循环，如果需要停止持续循环，可以按下SA3，断开中间继电器K1、K2电路，整个电气系统恢复初始状态。

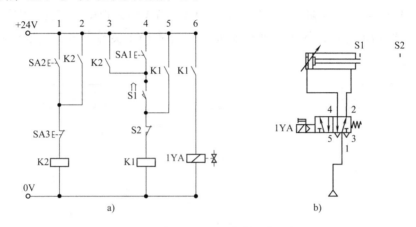

图10-8 单电控电磁阀控制双作用气缸

a）电气原理图 b）气动回路图

 评价反馈

填写学习效果自评表（表10-2）。

表10-2 学习效果自评表

序号	内 容	分值	得分	备注
1	比较先导式电磁阀与直动式电磁阀的区别	20		
2	识别二位、三位不同通路数电磁阀的符号	20		
3	熟悉电气元件符号	20		
4	设计、搭接电磁阀控制的换向回路，并实现动作	40		

项目考核

一、判断题

1. 单电控二位五通阀具有记忆功能。 （ ）

2. 双电控二位五通阀具有记忆功能。 （ ）

3. 双气控二位五通换向阀与双电控二位五通阀都有记忆功能。   （   ）

二、分析图 10-9 所示回路

1. 正确命名气动回路中的每个元件。

2. 分析图 10-9a 所示气动回路在接通气源后，1YA 未得电，气缸活塞杆是否动作？1YA 得电，活塞杆伸出后能否回来？若 2 口与 4 口互换与气缸连接，在 1YA 不得电时，气缸活塞杆有何动作？分析并说明。

3. 图 10-9b 所示气动回路在接通气源后，1YA、2YA 均未得电，气缸活塞杆是否动作？分析并说明。若 1YA 得电，气缸活塞杆刚伸出，此时 1YA 突然断电，气缸活塞杆如何动作？分析并说明。（提示：双电控二位电磁阀有记忆功能）

4. 图 10-9c 所示气动回路在接通气源后，1YA、2YA 均未得电，气缸活塞杆是否动作？分析并说明。若 1YA 得电，气缸活塞杆刚伸出，此时 1YA 突然断电，气缸活塞杆如何动作？分析并说明。

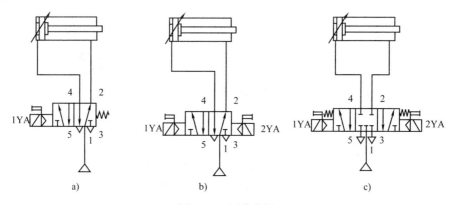

图 10-9   回路分析

三、根据图 10-10 所示电气及气动原理图组建电路与回路，并分析行程阀控制气缸往返的过程。

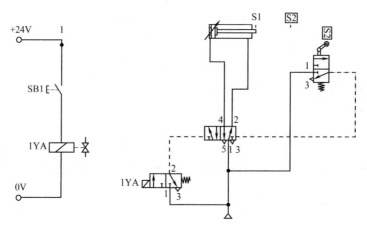

图 10-10   组建电路与回路

项目十一　气动系统速度控制

知识目标

1) 掌握流量控制阀的工作原理和图形符号。
2) 熟悉速度控制回路的构成。

技能目标

1) 能正确使用流量控制阀。
2) 能正确分析和设计速度控制回路。

职业素养

1) 遵守诺言就像保卫你的荣誉一样。——巴尔扎克
2) 一言既出，驷马难追。——中国俗语
3) 信用既是无形的力量，也是无形的财富。——松下幸之助

想一想、议一议

1) 流量控制阀的工作原理是怎样的?
2) 气动流量控制阀主要有哪几种类型?
3) 速度控制回路有哪些类型? 各适用于什么场合?
4) 为什么排气节流控制方式适用于双作用气缸的情况?

任务1　认识流量阀及速度控制回路

实际生产中，气缸的运动速度需根据需要得到有效的控制和调节，而流量控制阀就是控制气缸速度的控制元件。它是通过改变阀的通流面积来实现流量控制的，从而实现对气缸运动速度的控制。本任务重点学习常用的流量控制阀及构成的速度控制回路。

知识准备

一、流量控制阀

流量控制阀是通过改变阀的通流面积来实现流量控制的。常见流量控制阀有可调节流阀、单向节流阀和排气消声节流阀等。

1. 可调节流阀

图 11-1 所示为可调节流阀实物、结构及图形符号。可调节流阀的开度为无级调节，并可保持其开度不变。可调节流阀常用于调节气缸活塞运动速度，若有可能应直接安装在气缸上。

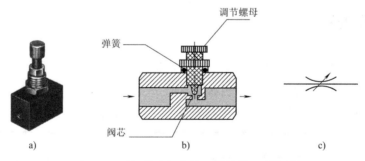

图 11-1　可调节流阀实物、结构及图形符号

a）实物　b）结构示意图　c）图形符号

2. 可调单向节流阀

图 11-2 所示为可调单向节流阀实物及图形符号。可调单向节流阀由单向阀和可调节流阀组成。

3. 排气消声节流阀

图 11-3 所示为排气消声节流阀的工作原理图及图形符号。气流从 A 口进入阀内由节流口 1 经节流后再经消声套 2 排出。排气消声节流阀安装在元件的排气口，调节排入大气的流量，以改变气动执行机构的速度。排气消声节流阀带有消声器以减弱排气噪声，并能防止环境中的粉尘通过排气口污染元件。

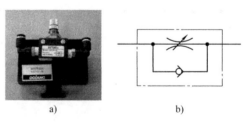

a）　　　　　　　b）

图 11-2　可调单向节流阀实物及图形符号

a）实物　b）图形符号

二、速度控制回路

由于气压传动的速度控制所传递的功率不大，一般采用节流调速。

1. 单作用气缸速度控制回路

图 11-4 所示为单作用气缸速度控制回路。图 11-4a 所示为对活塞杆伸出进行速度控制。图 11-4b 所示为对活塞杆缩回进行速度控制。图 11-4c 所示为对活塞杆伸出和缩回双向进行速度控制。

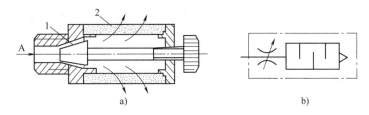

图 11-3　排气消声节流阀的工作原理图及图形符号

a）工作原理图　b）图形符号

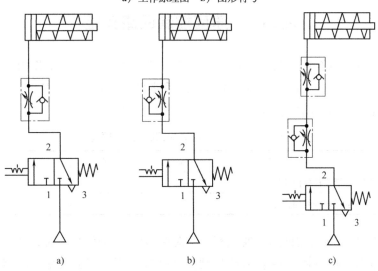

图 11-4　单作用气缸速度控制回路

2. 双作用气缸速度控制回路

图 11-5、图 11-6 所示为双作用气缸速度控制回路。图 11-5a 所示为对活塞杆伸出进行速度控制，采用进气节流控制方式。图 11-5b 所示也为对活塞杆伸出进行速度控制，采用排气节流控制方式。双作用气缸通常采用排气节流控制方式。图 11-6a 所示为对活塞杆伸出和缩回双向进行速度控制，采用排气节流控制方式。节流元件用单向节流阀，安装在气缸与换向控制阀之间。图 11-6b 所示也为对活塞杆伸出和缩回双向进行速度控制，采用排气节流控制方式。节流元件用排气消声节流阀，安装在控制阀的排气口。

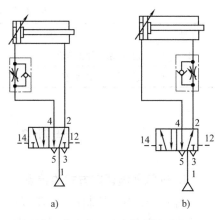

图 11-5　双作用气缸速度控制回路（一）

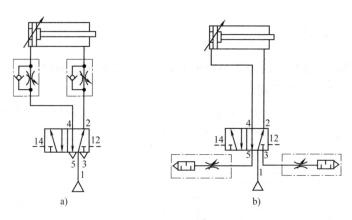

图11-6　双作用气缸速度控制回路（二）

活动1　速度控制回路实验

（1）按图11-4搭接气动回路　通气实验，按下手动按钮，观察单作用气缸活塞杆的伸出速度，并记录数据，分析说明实验现象。释放手动按钮，观察单作用气缸活塞杆的缩回速度，并记录数据，分析说明实验现象。实验记录填入表11-1中。

表11-1　单作用气缸调速回路实验记录表

序号	项　目	数据	结论
1	单作用气缸活塞杆伸出速度		
2	单作用气缸活塞杆缩回速度		

（2）按图11-5搭接气动回路　通气实验，对控制口14加信号，观察气缸活塞杆的伸出速度，并记录数据。将控制口14信号改加到控制口12，观察气缸活塞杆的缩回速度，并记录数据。分析说明实验现象。将实验记录填入表11-2中。

表11-2　双作用气缸调速回路实验记录表

序号	项　目	数据	结论
1	气缸活塞杆伸出速度		
2	气缸活塞杆缩回速度		

活动2　几种速度控制回路比较

1. 进气节流调速方式的特点

图11-5a中，控制口14有信号，换向阀左位工作。单向节流阀中单向阀关闭，气压流通过节流阀进入气缸左腔。气缸右腔气体通过换向阀排入大气。在压差作用下，活塞向右移

动，活塞杆伸出。这种对供气进行节流控制的回路中，活塞杆上最微小的负载波动（如当通过行程开关时）都将会导致进给速度的明显变化。进气节流控制方式适用于单作用或小容积气缸的情况。

2. 排气节流方式的特点

图 11-5b 中，控制口 14 有信号，换向阀左位工作，气压流直接进入气缸左腔。单向节流阀中单向阀关闭，气缸右腔气体通过节流阀和换向阀排入大气。活塞在两个缓冲气垫间承受载荷，一个缓冲气垫是由气缸供气压力的作用形成的，另一个则是由被节流阀节流的待排放空气形成的。这种排气节流方式可从根本上改善气缸进给性能，从而获得更好的速度稳定性和动作可靠性。排气节流控制方式适用于双作用气缸的情况。

3. 气液联动速度控制回路

由于气体的可压缩性和膨胀性远比液体大，所以气压传动中气缸的节流调速在速度平稳性上的控制比液压传动中的困难，速度负载特性差，动态响应慢。特别是在负载变化较大同时又有比较高的速度控制要求的情况下，单纯的气压传动难以满足要求，此时需要采用气液联动的方法。

气液联动速度控制回路是以气压作动力，利用气液转换器或气液阻尼缸控制气动执行机构的运动速度，从而得到良好的调速效果。

（1）气液转换器速度控制回路　图 11-7 所示为采用气液转换器的速度控制回路。利用气液转换器将气压变成液压，利用液压油驱动液压缸，从而得到平稳的运动速度。两个单向节流阀进行出口节流调速。在选用气液转换器时，要注意使其流量大于所对应的液压缸的油腔容积，并保持一定的余量。

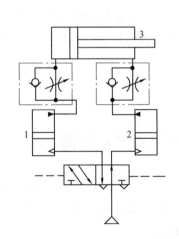 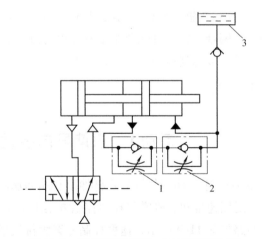

图 11-7　采用气液转换器的速度控制回路　　图 11-8　采用气液阻尼缸的速度控制回路
1、2—气液转换器　　　　　　　　　　1、2—单向节流阀　3—补油油箱

（2）气液阻尼缸速度控制回路　图 11-8 所示为采用气液阻尼缸的速度控制回路。阻尼缸与气缸的连接可以是串联，也可以是并联。图 11-8 所示为串联形式。在气-液阻尼缸的速度控制回路中，通过调节单向节流阀的开度，实现气缸的速度无级调速。

任务2　导向装置速度控制回路训练

任务导读 ▪▪▪

在自动生产线中，导向送料装置应用非常普遍，本任务重点讨论导向装置气动控制回路如何实现自动往复及不同解决方案的特点。

知识准备 ▪▪▪

气缸速度控制注意事项：

用控制流量的方法控制气缸的速度，由于受空气的可压缩性及气体阻力的影响，一般气缸的运动速度不得低于30mm/s。在气缸速度控制中，应注意以下各点：

1）流量阀应尽量安装在气缸附近，以减小气体压缩对速度的影响。

2）彻底防止管路中的气体泄漏，包括各元件接管处的泄漏，如管联接螺纹的密封不严、软管的弯曲半径过小、元件的质量欠佳等因素都会引起泄漏。

3）要注意减小气缸的摩擦力，以保持气缸运动的平衡。气缸和活塞间的润滑要好，要特别注意气缸内表面的加工精度和表面粗糙度。要注意正确、合理地安装气缸，超长行程的气缸应安装导向支架。

4）气缸速度控制有进气节流和排气节流两种，但多采用后者。用排气节流的方法比进气节流稳定、可靠。

5）加在气缸活塞杆上的载荷必须稳定。若载荷在行程中途有变化或变化不定，其速度控制相当困难。在不可能消除载荷变化的情况下，必须借助液压传动，如气液阻尼缸、气液转换器等，以达到运动平稳、无冲击。

技能操作 ▪▪▪

活动1　识读导向装置速度控制气动回路

图9-19中双作用气缸活塞杆伸出和缩回速度均无控制。若要求导向架向前推进速度慢，而向后退回速度快，则需要在原控制方案上加装速度调节装置。导向装置执行机构速度控制气动回路如图11-9所示，速度控制方案为排气节流方式。

接通气源后，按下手控换向阀的按钮，手控换向阀工作在左位，气压信号通过手控换向阀与双气控换向阀的控制口14相通，双气控换向阀左位工作。压缩空气经左边单向节流阀中的单向阀进到气缸的无杆腔，在压缩空气作用下，气缸的活塞杆伸出，导向架向前推进。此时，气缸有杆腔经节流阀与双气控换向阀的排气口相通。在活塞杆伸出过程中松开按钮，由于双气控换向阀具有记忆功能，活塞杆仍能伸到前位。当气缸活塞杆上的凸轮压下机控换向阀滚轮时，机控换向阀换向，工作在上位。此时，气压信号通过机控换向阀与双气控换向阀的控制口 12 相通，双气控换向阀右位工作。压缩空气经右边单向节流阀中的单向阀进到气缸的有杆腔，在压缩空气作用下，气缸的活塞杆缩回，导向架回到初始位置，完成一次气缸动作循环。

活动 2　利用实训设备在实训台搭接回路，并实现导向装置的速度控制

导向装置速度控制气动回路如图 11-9 所示。

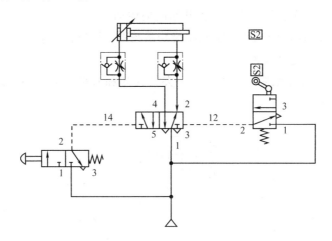

图 11-9　导向装置速度控制气动回路

 评价反馈

填写学习效果自评表（表 11-3）。

表 11-3　学习效果自评表

序号	内　　容	分值	得分	备注
1	举例说明流量阀的工作原理	10		
2	画出节流阀、单向节流阀、排气节流阀的图形符号	20		
3	在气缸速度控制中，应注意哪些问题	20		
5	气缸速度控制与液压缸速度控制有何区别	20		
6	按要求设计、搭接速度控制回路	30		

项目考核

一、判断题

1. 双作用气缸一般采用进气节流方式，因为进气节流比排气节流方式稳定、可靠。

（　　　）

2. 气动系统中在负载变化较大且又有较高的速度控制要求时，需要采用气液联动的方法。

（　　　）

二、分析题

气缸爬行是指气缸活塞杆"忽走忽停"或"忽快忽慢"的现象。为克服气缸爬行，常采用排气节流方式。试分析为什么采用进气节流调速方式容易产生气缸爬行。

提示：进气节流会导致气缸进气流量少，排气流量大。如以活塞杆伸出为例，则此时气缸有杆腔内的气体压力很快降低，而无杆腔内压力上升较慢，当两腔的压差刚好克服各种阻力负载时，活塞就向前运动。但由于此时无杆腔容积变化增大，而供气量不足，致使无杆腔中的气体压力又进一步降低，可能使活塞两侧的压差产生的作用力小于负载，此时活塞就停止前进，直到无杆腔继续进气，活塞重新开始向前运动。

三、识读图 11-10 所示的工件夹紧气压传动系统图，回答问题。

1. 图中各序号所指是何元件？

2. 分析该系统是如何实现"缸 A 压下→夹紧缸 B 和 C 伸出夹紧→夹紧缸 B 和 C 返回→缸 A 返回"工作循环的。

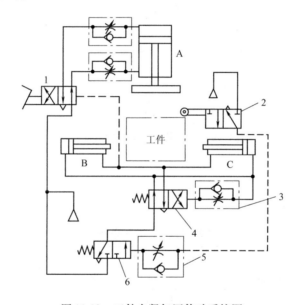

图 11-10　工件夹紧气压传动系统图

参 考 文 献

［1］金黎明．液压与气动技术简明教程［M］．北京：机械工业出版社，2012.

［2］张勤．液压技术与实训［M］．北京：科学出版社，2011.

［3］周曲珠．图解液压与气动技术［M］．北京：中国电力出版社，2010.

［4］成大先．机械设计手册：气压传动［M］.5版．北京：化学工业出版社，2010.

［5］季明善．液气压传动［M］．北京：机械工业出版社，2005.

［6］胡海清．气压与液压传动控制技术基本常识［M］．北京：高等教育出版社，2005.

［7］任慧荣．气压与液压传动控制技能训练［M］．北京：高等教育出版社，2006.

［8］兰建设．液压与气压传动［M］．北京：高等教育出版社，2010.